工业机器人技术与应用

黄海荣　陈瑞华　程颖菲　著

中国建材工业出版社

北　京

图书在版编目(CIP)数据

工业机器人技术与应用/黄海荣,陈瑞华,程颖菲著.--北京:中国建材工业出版社，2024.6--ISBN 978-7-5160-4209-0

Ⅰ. TP242.2

中国国家版本馆 CIP 数据核字第 202418811V 号

工业机器人技术与应用

GONGYE JIQIREN JISHU YU YINGYONG

黄海荣　陈瑞华　程颖菲　著

出版发行:中国建材工业出版社

地　　址:北京市西城区白纸坊东街 2 号院 6 号楼

邮　　编:100054

经　　销:全国各地新华书店

印　　刷:北京印刷集团有限责任公司

开　　本:710mm×1000mm　1/16

印　　张:10.25

字　　数:137 千字

版　　次:2024 年 6 月第 1 版

印　　次:2025 年 1 月第 1 次

定　　价:65.00 元

本社网址:www.jccbs.com,微信公众号:zgjskjcbs

前言

随着社会的发展和不断进步，荆棘花不断地在改变，我们国家的工业也逐步发生了转变，工业智能化也得到了稳步提升。也发明创作和引入了许多先进的设备，还使用了许多先进的技术。工业机器人是我国工业生产的坚实力量，它是一种自动化的高科技产品，倘若一个国家的工业发展水平较发达，那么这个国家的工业机器人一定也发展的比较迅速，也能体现出国家工业的整体发展。

工业机器人是实现自动化的重要方面，它替代了人工，提高了生产率以及生产质量，减少了人力分配，也让危险作业的工人变得安全。现如今人工智能不断地改进更新，工业机器人还有很多的创新机会，慢慢地出现全自动智能化，这更能推动工业的发展，实现我们的伟大目标。本书可以使读者对工业机器人产业的技术与应用有一个比较全面的认识，可作为高等学校自动化、机器人工程、人工智能及计算机等相关专业的教材，也可供从事机器人领域研究的教师或工程开发人员学习和参考。

本书对财政预算绩效管理与评价进行了专业而系统的研究，可以使读者对预算绩效管理与评价有较为清晰、全面的认识。

目录

第一章　机器人与工业机器人

第一节　机器人概述

并非只是在工业自动化生产线、太空探测、高科技实验室、科幻小说或电影里面才有机器人，现实生活中机器人无处不在，在人们的生活中起着重要的作用，并已经完全融入了人们的生活。例如，能够双足行走的仿人形机器人ASIMO，可以逼真地表达喜怒哀乐情感的机器小狗AIBO，打扫房间的吸尘器机器人，为残疾人服务的就餐辅助机器人，应用于医院的看护助力机器人等，都已成为我们生活中不可分割的一部分。虽然在我们的身边活跃着各种类型的机器人，但不是所有的机电产品都属于机器人，不能把看到的每一个自动化装置都称为机器人，机器人有它的特征和定义。

一、机器人的定义

虽然机器人问世已有几十年，但目前关于机器人仍然没有一个统一、严格、准确的定义。其原因之一是机器人还在发展，新的机型不断涌现，机器人可实现的功能不断增多；而根本原因则是机器人涉及了人的概念，这就使“什么是机器人”成为一个难以回答的哲学问题。就像“机器人”一词最早诞生于科幻小说中一样，人们对机器人充满了幻想。也和创造空间。

目前，大多数国家倾向于美国机器人工业协会（RIA）给出的定义：机器人是一种用于移动各种材料、零件、工具或专用装置，通过可编程序动作来执行各种任务并具有编程能力的多功能机械手这个定义实际上针对的是工业机器人。

日本工业机器人协会(JIRA,Japanese Industrial Robot Association)给出的定义:机器人是一种带有存储器件和末端操作器(endeffector,也称手部,包括手爪、工具等)的通用机械,它能够通过自动化的动作替代人类劳动。

日本著名学者加藤一郎提出了机器人三要件:①具有脑、手、脚等要素的个体;②具有非接触传感器(如视觉、听觉传感器等)和接触传感器;③具有用于平衡和定位的传感器。

我国科学家对机器人的定义是:机器人是一种自动化的机器,所不同的是这种机器具备一些与人或生物相似的智能能力,如感知能力、规划能力、动作能力和协同能力,是一种具有高度灵活性的自动化机。

一般来说,机器人应该具有以下三大特征。

(1)拟人功能。机器人是模仿人或动物肢体动作的机器,能像人那样使用工具。因此,数控机床和汽车不是机器人。

(2)可编程。机器人具有智力或具有感觉与识别能力,可随工作环境变化的需要而再编程。一般的电动玩具没有感觉和识别能力,不能再编程,因此不能称为真正的机器人。

(3)通用性。一般机器人在执行不同作业任务时,具有较好的通用性。比如,通过更换末端操作器,机器人便可执行不同的任务。

二、机器人的发展历史

机器人技术一词虽出现得较晚,但这一概念在人类的想象中却早已出现。制造机器人是机器人技术研究者的梦想,它体现了人类重塑自身、了解自身的一种强烈愿望。自古以来,有不少科学家和杰出工匠都曾制造出具有人类特点或具有模拟动物特征的机器人雏形。

在我国,西周时期的能工巧匠偃师就研制出了能歌善舞的伶人,这是我国最早的涉及机器人概念的记录文字;春秋后期,著名的木匠鲁班曾制造过一只木鸟,能在空中飞行“三日而不下”,体现了我国劳动人民的聪明才智。

机器人(robot)一词是1920年由捷克作家卡雷尔·恰佩克(Karel Capek)在他的讽刺剧《罗莎姆的万能机器人》中首先提出的。剧中描述了一个与人类相似,但能不知疲倦工作的机器奴仆Robot。从那时起,robot一词就被沿用下来,中文译成机器人。

1942年,美国科幻作家埃萨克·阿西莫夫(Isaac Asimov)在他的科幻小说《我,机器人》中提出了"机器人三定律",这三条定律后来成为学术界默认的研发原则。

现代机器人出现于20世纪中期,当时数字计算机已经出现,电子技术也有了长足的发展,在产业领域出现了受计算机控制的可编程的数控机床,与机器人技术相关的控制技术和零部件加工也已有了扎实的基础。同时,人类需要开发自动机械,替代人去从事一些在恶劣环境下的作业。正是在这一背景下,机器人技术的研究与应用得到了快速发展。

以下列举了现代机器人工业史上的几个标志性事件。

1954年:美国人戴沃尔(G. C. Devol)制造出世界上第一台可编程的机械手,并注册了专利。这种机械手能按照不同的程序从事不同的工作,因此具有通用性和灵活性。

1959年:戴沃尔与美国发明家英格伯格(Ingerborg)联手制造出第一台工业机器人。随后,成立了世界上第一家机器人制造工厂——Unimation公司。由于英格伯格对工业机器人富有成效的研发和宣传,他被称为"工业机器人之父"。

1962年:美国AMF公司生产出万能搬运(Verstran)机器人,与Unimation公司生产的万能伙伴(Unimate)机器人一样成为真正商业化的工业机器人,并出口到世界各国,掀起了全世界对机器人研究的热潮。

1967年:日本川崎重工公司和丰田公司分别从美国购买了工业机器人Unimate和Verstran的生产许可证,日本从此开始了机器人研究和制造。20世纪60年代后期,喷漆弧焊机器人问世并逐步开始应用于工业生产。

1968 年:美国斯坦福研究所公布他们研发成功的机器人 Shakey,由此拉开了第三代机器人研发的序幕。Shakey 带有视觉传感器,能根据人的指令发现并抓取积木,不过控制它的计算机有一个房间那么大。Shakey 可以称为世界上第一台智能机器人。

1969 年:日本早稻田大学加藤一郎实验室研发出第一台以双脚走路的机器人。加藤一郎长期致力于研究仿人机器人,被誉为“仿人机器人之父”。日本专家一向以研发仿人机器人和娱乐机器人见长,后来更进一步,出现了本田公司的 ASIMO 机器人和索尼公司的 QRIO 机器人。

1973 年:世界上机器人和小型计算机第一次“携手合作”,诞生了美国 Cincinnati Milacron 公司的机器人 T3。

1979 年:美国 Unimation 公司推出通用工业机器人 PUMA (programmable universa lmachine for assembly),这标志着工业机器人技术已经成熟 PUMA 至今仍然工作在生产第一线,许多机器人技术的研究都以该机器人为模型和对象。

1979 年:日本山梨大学牧野洋发明了平面关节型机器人 SCARA (selective compliance assembly robot arm),该型机器人此后在装配作业中得到了广泛应用。

1980 年:工业机器人在日本开始普及。随后,工业机器人在日本得到了巨大发展,日本也因此而赢得了“机器人王国”的美称。

1984 年:英格伯格再次推出机器人 Helpmate,这种机器人能在医院里为病人送饭、送药、送邮件。同年,英格伯格还放言:我要让机器人擦地板、做饭、出去帮我洗车、检查安全。

1996 年:本田公司推出仿人形机器人 P2,使双足行走机器人的研究达到了一个新的水平。随后,许多国际著名企业争相研制代表自己公司形象的仿人形机器人,以展示公司的科研实力。

1998 年:丹麦乐高公司推出了机器人 Mind－storms 套件,让机器人制造变得跟搭积木一样相对简单又能任意拼装,使机器人开始走入个人世界。

1999 年:日本索尼公司推出机器人狗爱宝,当即销售一空,从此娱乐机器人迈进普通家庭。

2002 年:美国 iRobt 公司推出了吸尘器机器人 Roomba,它是目前世界上销量最大、商业化最成功的家用机器人。

2006 年:微软公司推出了 Microsoft Robotics Studio 机器人,从此机器人模块化、平台统一化的趋势越来越明显。

2009 年:丹麦优傲机器人(Universal Robot)公司推出第一台轻量型的 UR5 系列工业机器人,它是一款六轴串联的革命性机器人产品,质量为 18kg,负载高达 5kg,工作半径为 85cm,适合中小企业选用。UR5 优傲机器人拥有轻便灵活、易于编程、高效节能、低成本和投资回报快等优点。UR5 机器人的另一显著优势是不需安全围栏即可直接与人协同工作。一旦人与机器人接触并产生 150N 的力,机器人就自动停止工作。

2012 年:多家机器人著名厂商开发出双臂协作机器人。如 ABB 公司开发的 YuMi 双手臂工业机器人,能够满足电子消费品行业对柔性和灵活制造的需求,未来也将逐渐应用于更多市场领域。又如 Rethink Robotics 公司推出 Baxter 双手臂工业机器人,其示教过程简易,能安全和谐地与人协同工作。在未来的工业生产中双臂机器人将会发挥越来越重要的作用。

我国对机器人的研究起步较晚,从 20 世纪 80 年代初才开始。我国在"七五"计划中把机器人列入国家重点科研规划内容,在"863"计划的支持下,机器人基础理论与基础元、器件研究全面展开。我国第一个机器人研究示范工程 1986 年在沈阳建立。目前,我国已基本掌握了机器人的设计制造技术、控制系统硬件和软件设计技术、运动学和轨迹规划技术,生产了部分机器人关键元、器件,开发出喷漆、弧焊、点焊、装配、搬运机器人等。

截至 2007 年底,已有 130 多台/套喷漆机器人在 20 余家企业的近 30 条自动喷漆生产线(站)上获得规模应用。弧焊机器人已应用在汽车制造厂的焊装线上。20 世纪 90 年代中期,我国 6000m 以下深水作业机器人试验成功。以后的近10年中，在步行机器人、精密装配机器人、多自由度关节机器人的研制等国际前沿领域，我国逐步缩小了与世界发达国家的差距。

但现阶段，我国的工业机器人产业的整体水平与世界先进水平还有相当大的差距，缺乏关键核心技术，高性能交流伺服电动机、精密减速器、控制器等关键核心部件长期依赖进口。国际工业机器人领域的“四大家族”的德国KUKA、瑞士ABB、日本Fanuc和Yaskawa占据着我国市场的60%～70%份额。

最近几年，我国工业机器人迎来了战略发展期，在工业和信息化部制定的《高端装备制造业“十二五”发展规划》中，关于工业机器人有专门的阐述：攻克工业机器人本体、精密减速器、伺服驱动器和电动机、控制器等核心部件的共性技术，自主研发工业机器人工程化产品，实现工业机器人及其核心部件的技术突破和产业化。2013年12月工信部又出台了《关于推进工业机器人产业发展的指导意见》，发展目标的制定意味着未来工业机器人将进入产业化生产阶段，工业机器人产业将步入新的征程。

目前，沈阳、芜湖、上海、哈尔滨、广州、天津、重庆、青岛等地已建立了工业机器人产业园，出现了一批国产工业机器人企业。广州数控设备有限公司、广东拓斯达科技股份有限公司、上海新时达电气股份有限公司、沈阳新松机器人自动化股份有限公司、安徽埃夫特智能装备有限公司等36家优秀工业机器人生产企业被评为2014年中国首批优质国产工业机器人品牌企业。

党的十九大报告明确指出，要加快建设制造强国，加快发展先进制造业。我国的机器人产业当前正处于前所未有的快速发展阶段，在技术研发、本体制造、零部件生产、系统集成、应用推广、市场培育、人才建设、产融合作等方面取得了丰硕成果，为我国制造业提质增效、换挡升级提供了全新动能。

第二节　机器人的分类

关于工业机器人分类，国际上没有制订统一的标准，可按负载重量、控制方式、自由度、结构、应用领域等划分。

一、机器人分类分析

（一）按机器人发展的程度分类

按从低级到高级的发展程度，机器人可分为以下几类。

示教再现机器人（即第一代工业机器人）能够按照人类预先示教的轨迹、行为、顺序和速度重复作业，示教可由操作员手把手进行或通过示教器完成。

（1）第一代机器人。第一代机器人是指只能以示教－再现方式工作的工业机器人。

（2）第二代机器人。第二代机器人带有一些可感知环境的装置，可通过反馈控制使其在一定程度上适应变化的环境。

（3）第三代机器人。第三代机器人是智能机器人，它具有多种感知功能，可进行复杂的逻辑推理、判断及决策，可在作业环境中独立行动，具有发现问题并自主地解决问题的能力。这类机器人具有高度的适应性和自治能力。

（4）第四代机器人。第四代机器人为情感型机器人，它具有与人类相似的情感。具有情感是机器人发展的最高层次，也是机器人科学家的梦想。

（二）按控制方式分类

按控制方式可将机器人分为操作机器人、程序机器人、示教－再现机器人、数控机器人和智能机器人等。

（1）操作机器人。操作机器人（operating robot）是指人可在一定距离处直接操纵其进行作业的机器人。通常采用主、从方式实现对操作机器人的遥控操作。

(2)程序机器人。程序机器人(sequence control robot)可按预先给定的程序、条件、位置等信息进行作业,其在工作过程中的动作顺序是固定的。

(3)示教一再现机器人。示教一再现机器人(playback robot)的工作原理是:由人操纵机器人执行任务,并记录下这些动作,机器人进行作业时按照记录下的信息重复执行同样的动作。示教一再现机器人的出现标志着工业机器人广泛应用的开始。示教一再现方式目前仍然是工业机器人控制的主流方式。

(4)数控机器人(numerical control robot)动作的信息由编制的计算机程序提供,机器人依据动作信息进行作业。

(5)智能机器人(intelligent robot)具有感知和理解外部环境信息的能力,即使其工作环境发生变化,也能够成功地完成作业任务。

在实际应用中所用的机器人多是这些类型机器人的组合。

(三)按机器人的应用领域分类

按机器人的应用领域,机器人可分为三大类:产业用机器人、特种用途机器人和服务型机器人。

(1)产业用机器人。按照服务产业种类的不同,产业用机器人又可分为工业机器人、农业机器人、林业机器人和医疗机器人等,本书所涉及的主要是工业机器人。按照用途的不同,产业用机器人还可分为搬运机器人、焊接机器人、装配机器人、喷漆机器人、检测机器人等。

(2)特种用途机器人。特种用途机器人是指代替人类从事高危环境和特殊工况下工作的机器人,主要包括军事应用机器人、极限作业机器人和应急救援机器人。其中极限作业机器人是指在人们难以进入的极限环境,如核电站、宇宙空间、海底等特殊环境中完成作业任务的机器人。

(3)服务型机器人服务型机器人是指用于非制造业并服务于人类的各种先进机器人,包括娱乐机器人、福利机器人、保安机器人等。目前,服务型机器人发展速度很快,代表着机器人未来的研究和发展方向。

(四)按机器人关节连接布置形式分类

按机器人关节连接布置的形式，机器人可分为串联机器人和并联机器人两类。

串联机器人的杆件和关节是采用串联方式进行连接(开链式)的，并联机器人的杆件和关节是采用并联方式进行连接(闭链式)的。本书所涉及的主要是串联机器人。

并联机器人是指运动平台和基座间至少由两根活动连杆连接，具有两个或两个以上自由度的闭环结构机器人。

并联机器人的并联布置类型可分为 Stewart 平台型和 Stewart 变异结构型两种。1965 年英国高级工程师 Stewart 提出了用于飞行模拟器的六自由度并联机构 Stewart 平台，推动了对并联机构的研究。Stewart 机构可作为六自由度的闭链操作臂，运动平台(上平台)的位置和姿态由六个直线油缸的行程长度决定，油缸的一端与基座(下平台)由二自由度的万向联轴器(胡克铰)相连，另一端(连杆)由三自由度的球一套关书(球铰)与运动平台相连。

1978 年澳大利亚著名机构学教授 Hunt 提出把六自由度的 Stewart 平台机构作为机器人机构；1985 年法国克拉维尔(Clavel)教授设计出了一种简单、实用的并联机构－Delta 并联机构，从此并联机器人技术得到推广与应用。Delta 机构被称为“最成功的并联机器人设计”。Delta 机器人是一种高速、轻载的并联机器人，通常具有三至四个自由度，可以实现在工作空间中沿 x、y、z 方向的平移及绕 z 轴的旋转运动。Delta 驱动电动机安装在固定基座上，可大大减少机器人运动过程中的惯量。机器人在运动过程中可以实现快速加、减速，最快抓取速度可达 2～4 次/秒。配备视觉定位识别系统，精度可达±0.1mm。

二、工业机器人的分类

(一)工业机器人的关节

通常将机身、臂部、手腕和末端操作器称为机器人的操作臂，它由一系列的连杆通过关节顺序相串联而成。关节决定了两相邻连杆副之间的连接关系，也称为运动副。机器人最常用的两种关节是移动关节（prismatic joint）和回转关节（revolute joint），通常用 P 表示移动关节，用 R 表示回转关节。

刚体在三维空间中有六个自由度，显然，机器人要完成任一空间作业，也需要有六个自由度。机器人的运动由臂部和手腕的运动组合而成。通常臂部有三个关节，用于改变手腕参考点的位置，称为定位机构；手腕部分也有三个关节，通常这三个关节的轴线相互垂直相交，用来改变末端操作器的姿态，称为定向机构。整个操作臂可以看成由定位机构连接定向机构而构成的。

工业机器人操作臂的关节常为单自由度主动运动副，即每一个关节均由一个驱动器驱动。

机器人臂部三个关节的种类决定了操作臂作业范围的形式。按照臂部关节沿坐标轴的运动形式，即按 P 和 R 的不同组合，可将机器人分为直角坐标型、圆柱坐标型、球（极）坐标型、关节坐标型和 SCARA 型等五种类型。机器人的结构形式由用途决定，即由其所完成工作的性质决定。

（二）五中坐标形式的机器人

1. 直角坐标系机器人

直角坐标型机器人直角坐标型机器人（cartesian coordinates robot）的外形与数控镗铣床和三坐标测量机相似，其三个关节都是移动关节（3P），关节轴线相互垂直，相当于笛卡儿坐标系的 z 轴、y 轴和 z 轴，作业范围为立方体状的。其优点是刚度好，多做成大型龙门式或框架式结构，位置精度高，运动学求解简单，控制无耦合；但其结构较庞大，动作范围小，灵活性差且占地面积较大。因其稳定性好，适用于大负载搬送。

2. 圆柱坐标型机器人

圆柱坐标型机器人（cylindrical coordinates robot）具有两个移动关节（2P）和一个转动关节（1R），作业范围为圆柱形状的。其特点是：位置精度高，运动直观，控制简单；结构简单，占地面积小，价廉，因此应用广泛；但其不能抓取靠近立柱或地面上的物体。Verstran 机器人是该类机器人的典型代表。

3.球(极)坐标型机器人

球(极)坐标型机器人(polar coordinates robot)具有一个移动关节(1P)和两个转动关节(2R),作业范围为空心球体状的,Unimate 机器人是该类机器人的典型代表。其优点是结构紧凑,动作灵活,占地面积小,但其结构复杂,定位精度低,运动直观性差。

4.关节坐标型机器人

关节坐标型机器人(articulated robot)由立柱、大臂和小臂组成。其具有拟人的机械结构,即大臂与立柱构成肩关节,大臂与小臂构成肘关节。具有三个转动关节(3R),可进一步分为一个转动关节和两个俯仰关节,作业范围为空心球体形状的。该类机器人的特点是作业范围大、动作灵活、能抓取靠近机身的物体;运动直观性差,要得到高定位精度困难。该类机器人由于灵活性高,应用最为广泛。PUMA 机器人是该类机器人的典型代表。

5.SCARA 型机器人

SCARA 型机器人有三个转动关节,其轴线相互平行,可在平面内进行定位和定向。其还有一个移动关节,用于完成手爪在垂直于平面方向上的运动。该类机器人的特点是在垂直平面内具有很好的刚度,在水平面内具有较好的柔顺性,且动作灵活、速度快、定位精度高。

第三节　工业机器人的组成与技术参数

一、工业机器人系统的组成

机器人系统是由机器人和作业对象及环境共同构成的,其中包括机器人机械系统、驱动系统、控制系统和感知系统四大部分。

(一)机械系统

工业机器人的机械系统一般包括机身、臂部、手腕、末端操作器等部分,每一部分都有若干个自由度,构成一个多由度的机械系统。此外,有的机器人还具备行走机构(mobile mechanism)。若机器人具备行走机构,则构成行走机器人;若机器人不具备行走及回转机构,则构成单机器人臂(single robot arm)。末端操作器是直接装在手腕上的一个重要部件,它可以是两手指或多手指的手爪,也可以是喷漆枪、焊枪等作业工具,工业机器人的机械系统的作用相当于人的身体(骨骼、手、臂、腿等)。

(二)驱动系统

驱动系统主要指驱动机械系统动作的驱动装置。根据驱动源的不同,驱动系统可分为电气、液压、气压驱动系统以及把它们结合起来应用的综合系统。该部分的作用相当于人的肌肉。

电气驱动系统在工业机器人中应用得最普遍,可分为步进电动机驱动系统、直流伺服电动机驱动系统和交流伺服电动机驱动系统三种。早期多采用步进电动机驱动,后来发展了直流伺服电动机驱动,现在交流伺服电动机驱动也开始广泛应用。上述驱动单元有的用于直接驱动机构运动,有的通过谐波减速器减速后驱动机构运动,其结构简单紧凑。

液压驱动系统运动平稳,且负载能力大,对于重载的搬运和零件加工机器人,采用液压驱动系统比较合理。但液压驱动系统存在管道复杂、清洁困难等缺点,因此,它在装配作业中的应用受到限制。

无论电气还是液压驱动的机器人,其手爪的开合都是采用气动形式的。气压驱动机器人结构简单、动作迅速、价格低廉,但由于空气具有可压缩性,其工作速度稳定性差。但是,空气的可压缩性,可使手爪在抓取或卡紧物体时的顺应性提高,防止力度过大而造成被抓物体或手爪本身的破坏。气压系统压力一般为0.7MPa,因而抓取力小,只有几十牛到几百牛。

(三)控制系统

控制系统的任务是根据机器人的作业指令程序及从传感器反馈回来的信号,控制机器人的执行机构,使其完成规定的运动和功能。如果机器人不具备信息反馈特征,则该控制系统称为开环控制系统;如果机器人具备信息反馈特征,则该控制系统称为闭环控制系统。该部分主要由计算机硬件和控制软件组成。软件主要由人与机器人进行联系的人机交互系统和控制算法等组成。该部分的作用相当于人的大脑。

(四)感知系统

感知系统由内部传感器和外部传感器组成,其作用是获取机器人内部和外部环境信息,并把这些信息反馈给控制系统。其中,内部状态传感器用于检测各关节的位置、速度等变量,为闭环伺服控制系统提供反馈信息。外部状态传感器用于检测机器人与周围环境之间的一些状态变量,如距离、接近程度和接触情况等,用于引导机器人,便于其识别物体并做出相应处理。外部传感器可使机器人以灵活的方式对它所处的环境做出反应,赋予机器人一定的智能。该部分的作用相当于人的五官感知系统由内部传感器和外部传感器组成,其作用是获取机器人内部和外部环境信息,并把这些信息反馈给控制系统。其中,内部状态传感器用于检测各关节的位置、速度等变量,为闭环伺服控制系统提供反馈信息。外部状态传感器用于检测机器人与周围环境之间的一些状态变量,如距离、接近程度和接触情况等,用于引导机器人,便于其识别物体并做出相应处理。外部传感器可使机器人以灵活的方式对它所处的环境做出反应,赋予机器人一定的智能。该部分的作用相当于人的五官。

二、工业机器人的技术参数

技术参数是机器人制造商在产品供货时所提供的技术数据。技术参数反映了机器人可胜任的工作、具有的最高操作性能等情况,是选择、设计、应用机器人时必须考虑的数据。机器人的主要技术参数一般有自由度、精度、重复定位精度、作业范围、承载能力及最大速度等。

(一)自由度

自由度(degree of freedom)是指机器人所具有的独立坐标轴运动的数目,不包括末端操作器的开合自由度。机器人的一个自由度对应一个关节或一个轴,所以自由度与关节或轴的概念是相等的。自由度是表示机器人动作灵活程度的参数,自由度越多就越灵活,但结构也越复杂,控制难度越大,所以机器人的自由度要根据其用途设计,一般在三至六个之间。

机器人关节自由度大于末端操作器自由度的机器人称为有冗余自由度的机器人。冗余自由度增加了机器人的灵活性，可方便机器人躲避障碍物和改善机器人的动力性能。冗余自由度会降低系统位置精度，增加系统成本和系统控制难度。

七自由度轻量型机械臂广泛用于人机协同作业，是下一代机械臂研发的方向之一。通常，在六自由度机械臂的大臂上增加一个绕轴线旋转的关节，构成七自由度机械臂。人类的手臂（大臂、小臂、手腕）通常被简化认为有七个自由度，所以工作起来很灵巧，可回避障碍物，并可从不同方向到达同一个目标位置。

（二）定位精度和重复定位精度

定位精度和重复定位精度是机器人的两个精度指标。定位精度是指机器人末端操作器的实际位置与目标位置之间的偏差，由机械误差、控制算法误差与系统分辨率等部分组成。重复定位精度是指在同一环境、同一条件、同一目标动作、同一命令之下，机器人连续重复运动若干次时，其位置的分散情况，是关于精度的统计数据。因重复定位精度不受工作载荷变化的影响，故通常用重复定位精度这一指标作为衡量示教－再现工业机器人水平的重要指标。

工业机器人具有定位精度低、重复精度高的特点，例如：MOTOMAN SV3 机器人的定位精度为±0.2 mm，而重复精度为±0.03 mm。

第二章　工业机器人的基本特性

第一节　工业机器人的组成

一、工业机器人及系统

(一)工业机器人系统

工业机器人是一种功能完善、可独立运行的典型机电一体化设备，它有自身的控制器、驱动系统和操作界面可对其进行手动、自动操作及编程，它能依靠自身的控制能力来实现所需要的功能。

广义的工业机器人系统包括机器人及其附属设备，系统总体分为机械系统和电气系统两大部分。

工业机器人的机械部件主要包括机器人本体、变位机、末端工具等部分；控制系统主要包括控制器、驱动器(在控制柜中)、操作单元等。其中，机器人本体、控制器、驱动器、操作单元是机器人的基本组件，所有机器人都必须配备，其他属于可选部件，可由机器人生产厂商提供或自行设计、制造与生产。

在选配部件中，变位机是用于机器人或工件的整体移动或进行系统协同作业的附加装置，它可根据需要选配；末端工具，是安装在机器人手腕上的操作机构，与机器人的作业对象、作业要求密切相关；末端工具的种类繁多，一般需要由机器人制造厂和用户共同设计、制造与集成。

在电气控制系统中，上级控制器是用于机器人系统协同控制、管理的附加设备，既可用于机器人与机器人、机器人与变位机的协同作业控制，也可用于机器人和数控机床，机器人和自动生产线其他机电一体化设备的集中控制，此外，还可用于机器人的编程与调试。上级控制器同样可根据实际系统的需要选配。在柔性加工单元（FMC）、自动生产线等自动化设备上，上级控制器的功能也可直接由数控机床所配套的数控系统（CNC）、生产线控制用的 PLC 等承担。

（二）工业机器人本体

机器人本体又称为操作机，它是用来完成各种作业的执行机构，包括机械部件及安装在机械部件上的驱动电机、传感器等。机器人本体的形态各异，但绝大多数都是由若干关节和连杆连接而成。六轴串联垂直型工业机器人的本体主要组成部件包括手部、腕部、上臂、下臂、腰部、基座机器人末端等，末端执行器需要用户根据具体作业的要求设计机器人手部的设计、制造，通常不属于机器人本体的范围。机器人腕部的运动主要包括整体回转（腰关节）、下臂摆动（肩关节）、上臂摆动（肘关节）、腕回转和弯曲（腕关节）等。

（1）手部。机器人的手部用来安装末端执行机器人腰部器，它既可以安装类似人类的手爪，也可以安装机器人基座吸盘或其他各种作业工具。手部是决定机器人作业灵活性的关键部件。

（2）腕部。腕部用来连接手部和手臂，起到支持手部的作用。腕部一般采用回转关节，通过腕部的回转，可改变末端执行器的姿态（作业方向）；在作业方向固定的机器人上，有时可省略腕部，用上臂直接连接手臂。

（3）上臂。上臂用来连接腕部和下臂。上臂可在下臂上摆动，以实现手腕大范围的上下（俯仰）运动。

（4）下臂。下臂用来连接上臂和腰部。下臂可在腰部上摆动，以实现手腕大范围的前后运动。

（5）腰部。腰部用来连接下臂和基座。腰部可以在基座上回转，以改变整个机器人的作业方向。腰部是机器人的关键部件，其结构刚性、回转范围、定位精度等直接决定了机器人的技术性能。

（6）基座。基座是整个机器人的支持部分，它必须有足够的刚性，以保证机器人运行平稳、固定牢固。

一般而言，同类机器人的基座、腰部、下臂、上臂结构基本统一，习惯上将其称为机身；机器人的腕部和手部结构，与机器人的末端执行器安装和作业要求密切相关，其形式多样，习惯上将其称为手腕。

二、常用的附件

工业机器人常用的机械附件主要有变位机、末端执行器两大类。变位机主要用于机器人整体移动或协同作业，它既可选配机器人生产厂家的标准部件，也可由用户根据需要设计、制作；末端执行器是安装在机器人手部的操作机构，它与机器人的作业要求、作业对象密切相关，一般需要由机器人制造厂和用户共同设计与制造。

（一）变位机

变位机是用于机器人或工件整体移动，进行协同作业的附加装置，它可根据需要选配。

通过选配变位机，可增加机器人的自由度和作业空间；此外，还可实现作业对象或其他机器人的协同运动，增强机器人的功能和作业能力。简单机器人系统的变位机一般由机器人控制器进行控制，多机器人复杂系统的变位机需要由上级控制器进行集中控制。

根据用途，机器人变位机可分为专用型和通用型两类。专用型变位机一般用于作业对象的移动，其结构各异、种类较多，难以尽述。通用型变位机既可用于机器人移动，也可用于作业对象的移动，它是机器人常用的附件。根据运动特性，通用型变位机可分为回转变位机、直线变位机两类，根据控制轴又可分为单轴、双轴、三轴变位机。

1. 回转变位机

通用型回转变位机与数控机床的回转工作台类似，常用的有单轴和双轴两类。

单轴变位机可用于机器人或作业对象的垂直（立式）或水平（卧式）360°回转，配置单轴变位机后，机器人可以增加 1 个自由度。

双轴变位机可实现一个方向的360°回转和另一方向的局部摆动，其结构有L型和A型两种。配置双轴变位机后，机器人可以增加2个自由度。

此外，在焊接机器人上，还经常使用如图2—5所示的三轴R型变位机，这种变位机有2个水平（卧式）360°回转轴和1个垂直方向（立式）回转轴，可用于回转类工件的多方向焊接或工件的自动交换。

2. 直线变位机

通用型直线变位机与数控机床的移动工作台类似，水平移动直线变位机为常用变位机，但也有垂直方向移动的变位机和二轴十字运动变位机。

（二）末端执行器

机器人末端执行器装在操作机手腕的前端（称机械接口），用以直接执行工作任务。根据作业任务的不同，它可以是夹持器或专用工具等。夹持器是具有夹持功能的装置，如吸盘、机械手爪、托持器等。

专用工具是用以完成某项作业所需要的装置，如用于焊接、切割、打磨等加工的焊枪、铣头、磨头等各种工具。

三、电气控制系统

（一）控制器

控制器是机器人系统的核心，用于控制机器人坐标轴位置和运动轨迹，输出运动轴的插补脉冲，其功能与数控（CNC）非常类似。

工业计算机（又称工业PC）型机器人控制器的主机和通用计算机并无本质的区别，但机器人控制器需要增加传感器、驱动器接口等硬件，这种控制器的兼容性好，软件安装方便、网络通信容易。

PLC（可编程序控制器）型机器人控制器以类似PLC的CPU模块作为中央控制器，然后通过选配各种PLC功能模块，如测量模块、轴控制模块等，来实现对机器人的控制，这种控制器的配置灵活，模块通用性好、可靠性高。

(二)操作单元

工业机器人的现场编程一般通过示教操作实现,对操作单元的移动性能和手动性能的要求较高,但其显示功能一般不及数控系统,因此,机器人的操作单元以手持式为主。

传统型操作单元由显示器和按键组成,操作者可通过按键直接输入命令和进行所需的操作,其使用简单,但显示器较小。这种操作单元多用于早期的工业机器人操作和编程,目前日系品牌还大量采用这种示教单元。

菜单式操作单元由显示器和操作菜单键组成,操作者可通过操作菜单选择需要的操作。这种操作单元的显示器大,目前使用较普遍,但部分操作不及传统型操作单元简便直观。

智能终端型操作单元使用了目前较为流行的平板电脑,可以在其上进行 APP 开发,这种操作单元的最大优点是可直接通过 Wi-Fi 连接控制器和网络,从而省略了操作单元和控制器间的连接电缆。智能终端型操作单元使用灵活、方便,是适合网络环境下使用的新型操作单元。

(三)驱动器

驱动器实际上是用于将控制器的插补脉冲功率进行放大的装置,实现驱动电机位置、速度、转矩控制,驱动器通常安装在控制柜内。驱动器的形式取决于驱动电机的类型,伺服电机需要配套伺服驱动器,步进电机则需要使用步进驱动器。

集成式驱动器的全部驱动模块集成于一体,电源模块可以独立或集成,这种驱动器的结构紧凑、生产成本低,是目前使用较为广泛的结构形式。

模块式驱动器的电源模块为公用,驱动模块独立,驱动器需要统一安装。集成式、模块式驱动器不同控制轴间的关联性强,调试、维修和更换相对比较麻烦。

独立式驱动器的电源和驱动电路集成于一体,每一轴的驱动器可独立安装和使用,因此,其安装使用灵活、通用性好,其调试、维修和更换也较方便。

第二节　工业机器人的特点

一、基本特点

业机器人是集机械、电子、控制、计算机、传感器、人工智能等多学科先进技术于一体的现代制造业重要的自动化装备，机器人技术和数控技术、PLC 技术并称为工业自动化的三大支持技术。机器人技术及其产品发展非常迅速，已成为柔性制造系统（FMS）、自动化工厂（FA）、计算机集成制造系统（CIMS）的自动化工具同时也是工业 4.0 智能化工厂中重要的一环。总而言之，工业机器人的基本特点主要有以下三点。

（一）可编程

生产自动化的进一步发展是柔性自动化。工业机器人可随其工作环境变化的需要而再编程，因此它在小批量、多品种、具有均衡高效率的柔性制造过程中能发挥很好的功用，是柔性制造系统中的一个重要组成部分。

（二）拟人化

工业机器人在机械结构上有类似人的行走、腰转动作和大臂、小臂、手腕、手爪等部分，在控制上有电脑。此外，智能化工业机器人还有许多类似人类的“生物传感器”，如皮肤型接触传感器、力传感器、负载传感器、视觉传感器、声觉传感器等。传感器提高了工业机器人对周围环境的自适应能力。

（三）通用性

除了专门设计的专用的工业机器人外，一般工业机器人在执行不同的作业任务时具有较好的通用性。比如，更换工业机器人手部末端操作器（手爪、工具等）便可执行不同的作业任务。

工业机器人技术涉及的学科相当广泛，其归纳起来是机械学和微电子学的结合——机电一体化技术。第三代智能机器人不仅具有获取外部环境信息的各种传感器，而且还具有记忆能力、语言理解能力、图像识别能力、推理判断能力等人工智能，这些都是微电子技术的应用，特别是与计算机技术的应用密切相关。

二、工业机器人与数控机床

世界首台数控机床出现于1952年，它由美国麻省理工学院率先研发成功，其诞生比工业机器人早7年，因此，工业机器人的很多技术都来自数控机床。

George Devol（乔治·德沃尔）最初设想的机器人实际就是工业机器人，他所申请的专利就是利用数控机床的伺服轴驱动连杆机构动作，然后通过操纵、控制器对伺服轴的控制，来实现机器人的功能。按照相关标准来定义，工业机器人是“能够自动定位控制，可重复编程的、多功能的、多自由度的操作机”，这点也与数控机床十分类似。

因此，工业机器人和数控机床的控制系统类似，它们都有控制面板、控制器、伺服驱动器等基本部件，操作者可利用控制面板对它们进行手动操作或进行程序自动运行、程序输入与编辑等操作控制。

但是，由于工业机器人和数控机床的研发目的有着本质的区别，因此，其地位、用途、结构、性能等各方面均存在较大的差异。

（一）作用和地位

机床是用来加工机器零部件的设备，是制造机器的机器，故称为工业母机，也称工具机；没有机床就几乎不能制造机器，没有机器就不能生产工业产品。因此，机床被称为国民经济基础的基础，在现在的制造模式中，它仍然处于制造业的核心地位。

工业机器人尽管发展速度很快，但目前绝大多数还只是用于零件搬运、装卸、包装、装配的生产辅助设备，或是进行焊接、切割、打磨、抛光等简单粗加工的生产设备，它在机械加工自动生产线上（焊接、涂装生产线除外)所占的价值一般只有15%左右。因此，除非现有的制造模式发生颠覆性变革，否则，工业机器人的体量很难超越机床。

(二)目的和用途

研发数控机床的根本目的是解决机床在轮廓加工时的刀具运动轨迹控制问题，而研发工业机器人的根本目的是用来协助或代替人类完成那些单调、重复、频繁或长时间、繁重的工作，或进行高温、粉尘、有毒、易燃、易爆等危险环境下的作业。由于两者的研发目的不同，因此，其用途也有本质的区别。

简言之，数控机床是直接用来加工零件的生产设备，而大部分工业机器人则是用来替代或部分替代操作者进行零件搬运、装配、包装等作业的生产辅助设备；因此，两者目前尚无法相互完全替代。

(三)结构形态

工业机器人需要模拟人的动作和行为，其结构形态丰富，经常采用串联多关节及柱坐标、球面坐标、并联轴等结构形式，部分机器人(如无人搬运车等)的作业空间也是开放的。

数控机床的结构形态单一，在此基础上，可利用回转、摆动的坐标轴扩大轮廓加工能力，但其作业空间(加工范围)都局限于设备本身的范围。

然而，随着技术的发展，两者的结构形态也逐步融合。例如，机器人有时也采用直角坐标结构布局，同样，采用并联虚拟轴结构的数控机床也已有实用化的产品。此外，为提高效率，加工中心和车削中心等数控机床需要配备自动换刀装置、上下料机械手等类似机器人的辅助装置。而用于焊接、切割、打磨、抛光等加工的工业机器人，也需要像数控焊接、切割、磨削机床那样配备焊枪、割枪或其他刀具。

(四)性能指标

数控机床是用来加工零件的精密加工设备，其轮廓加工能力、定位精度和加工精度等是衡量数控机床性能最为重要的技术指标。高精度数控机床的定位精度和加工精度通常需要达到0.01mm或0.001mm数量级，甚至更高，而且精度检测和计算标准的要求高于机器人。数控机床的轮廓加工能力取决于工件要求和机床结构，通常而言，能同时控制 5 轴（5 轴联动）的机床，就可满足几乎所有零件的轮廓加工要求。

工业机器人是用于零件搬运、装卸、码垛、装配的生产辅助设备，或是进行焊接、切割、打磨、抛光等粗加工的设备，强调的是动作灵活性、作业空间、承载能力和感知能力。因此，除少数用于精密加工或装配的机器人外，其余大多数工业机器人对定位精度和轨迹精度的要求并不高，通常只需要达到 1mm 或 0.1mm 的数量级便可满足要求，且精度检测和计算标准低于数控机床。但是，工业机器人的控制轴数将直接决定自由度、动作灵活性等关键指标，其要求很高。理论上说，需要工业机器人有 6 个自由度（6 轴控制），才能完全描述一个物体在三维空间的位置，如需要避障，还得有更多的自由度。

此外，智能工业机器人需要有一定的感知能力，故需要配备位置、触觉、视觉、听觉等多种传感器，而数控机床一般只需要检测速度与位置，因此，工业机器人对检测技术的要求高于数控机床。

（五）工业机器人与机床集成应用

工业机器人正大踏步走进机床领域，并与机床结合在一起，为用户提供各种个性化的智能制造装备。

在焊接、搬运、码垛、装配等大多数应用领域里，工业机器人是作为主机使用的。与此不同，与机床配套的机器人一般是作为辅机来发挥作用的。当前其具体的应用形式主要有以下几种。

1. 单机上下料

单机上下料是机器人在机床上最典型和最成熟的应用。它比人工上下料更准确、迅速、安全。对生产批量大、加工时间短的中小零件加工，或需吊装的笨重工件而言，机器人上下料的优势特别明显。

2. 机器人与机床组成柔性生产线

由机器人承担工件的工序转换工作，与若干台机床组成柔性生产线，是一种比单机上下料更为复杂也更有价值的一种应用，在当前工业转型升级过程中，市场需求越来越旺盛。

3.与机床共同完成加工工艺过程

机器人夹持工件在冲剪、折弯机上实现加工操作，不仅是简单的上下料，而且替代了所有原来的人工作业。这比人工操作更加准确和快速，从而提高了产品质量和生产效率。尤其是彻底解决了冲压类机床的工伤隐患。

4.独立完成加工工序

给机器人装上专用工具，机器人可以完成打磨、抛光、喷涂等工艺过程，甚至可以让机器人直接夹持切削工具，对工件进行打孔、攻丝。

三、工业机器人与机械手

用于零件搬运、装卸、码垛、装配的工业机器人，其功能与自动化生产设备中的辅助机械手类似，例如，国际标准化组织(ISO)将工业机器人定义为"自动的、位置可控的、具有编程能力的多功能机械手"；日本机器人协会(JRA)将工业机器人定义为"能够执行人体上肢(手和臂)类似动作的多功能机器"，这表明两者的功能存在很大的相似之处。

工业机器人与生产设备中的辅助机械手的控制系统、操作编程、驱动系统均有明显的不同。

(一)控制系统

工业机器人通常都需要有独立控制器、驱动系统、操作界面等，可对其进行手动、自动操作和编程，因此，它是一种可独立运行的完整设备，能依靠自身的控制能力来实现所需要的功能。

机械手只是用来实现辅助搬运装置，其控制一般需要通过设备的控制器(如 CNC、PLC 等)实现，它没有自身的控制系统和操作界面，故不能独立运行。

(二)操作编程

工业机器人具有适应动作和对象变化的柔性，其动作是可变的，如需要，最终用户可随时通过手动操作或编程来改变其动作，现代工业机器人还可根据人工智能技术所制定的原则纲领自主行动。但是，辅助机械手的动作和对象是固定的，其控制程序通常由设备厂家编制；即使在调整和维修时，用户通常也只能按照设备生产厂家的规定进行操作，而不能改变其动作的位置与次序。

(三)驱动系统

工业机器人需要灵活改变位置，绝大多数运动轴都需要有任意位置定位功能，需要使用伺服驱动系统；在无人搬运车(AGV)等输送机器人上，还需要配备相应的行走机构及相应的驱动系统。而辅助机械手的安装位置、定位点和动作次序样板都是固定不变的，大多数运动部件只需要控制起点和终点，故较多地采用气动、液压驱动系统。

第三节　工业机器人的结构形态

从运动学原理上说，绝大多数机器人的本体都是由若干关节(Joint)和连杆(Link)组成的运动链。根据关节间的连接形式，多关节工业机器人的典型结构形态主要有垂直串联、水平串联和并联三大类。

一、垂直串联型

(一)基本结构与特点

垂直串联型是工业机器人最常用的结构形式，可用于加工、搬运、装配、包装等各种场合。

垂直串联结构机器人的本体部分一般由5～7个关节在垂直方向依次串联而成，典型结构。

为了便于区分，在机器人上，通常将能够在四象限进行360°或接近360°回转的旋转轴称为回转轴(Roll)；将只能在第三象限进行小于270°回转的旋转轴称为摆动轴(Bend)。

垂直串联结构机器人的末端执行器的作业点运动，由手臂和手腕、手的运动合成。六轴典型结构机器人的手臂部分有腰、肩、肘3个关节，它用来改变手腕基准点(参考点)的位置,称为定位机构;手腕部分有腕回转、弯曲和手回转3个关节,它用来改变末端执行器的姿态,称为定向机构。

在垂直串联结构的机器人中,腰部回转轴S称为腰关节,它可使得机器人中除基座外的所有后端部件,绕固定基座的垂直轴线,进行四象限360°或接近360°回转,以改变机器人的作业面方向。下臂摆动轴L称为肩关节,它可使机器人下臂及后端部件进行垂直方向的偏摆,实现参考点的前后运动。上臂摆动轴U称为肘关节,它可使机器人上臂及后端部件进行水平方向的偏摆,实现参考点的上下运动(俯仰)。

腕回转轴R、腕弯曲轴B、手回转轴T通称为腕关节,它用来改变末端执行器的姿态。腕回转轴R用于机器人手腕及后端部件的四象限360°或接近360°回转运动;腕弯曲轴B用于手部及末端执行器的上下或前后、左右摆动运动;手回转轴T可实现末端执行器的四象限360°或接近360°回转运动。

六轴垂直串联结构机器人通过以上定位机构和定向机构的串联,较好地实现了三维空间内的任意位置和姿态控制,它对于各种作业都有良好的适应性,因此,可用于加工、搬运、装配、包装等各种场合。

但是,六轴垂直串联结构机器人也存在固有的缺点。首先,末端执行器在笛卡儿坐标系上的三维运动(X、Y、Z轴)需要通过多个回转、摆动轴的运动合成,且运动轨迹不具备唯一性,X、Y、Z轴的坐标计算和运动控制比较复杂,加上X、Y、Z轴位置无法直接检测,因此,要实现高精度的位置控制非常困难。其次,由于结构所限,这种机器人存在运动干涉区域,限制了作业范围。再次,在典型结构上,所有轴的运动驱动机构都安装在相应的关节部位,机器人上部的质量大、重心高,高速运动时的稳定性较差,承载能力也受到一定的限制等。

(二)简化结构

机器人末端执行器的姿态与作业对象和要求有关,在部分作业场合,有时可省略1～2个运动轴,简化为4～5轴垂直串联结构的机器人;或者以直线轴代替回转摆动轴。

例如，对于以水平面作业为主的大型机器人，可省略腕回转轴 R，直接采用五轴结构；对于搬运、码垛作业的重载机器人，可采用四轴结构，省略腰部回转轴 S 和腕回转轴 R，直接通过手回转轴 T 来实现执行器的回转运动，以简化结构、增加刚性、方便控制等。

(三)七轴结构

六轴垂直串联结构的机器人，由于结构限制，作业时存在运动干涉区域，使得部分区域的作业无法进行。为此，工业机器人生产厂家又研发了七轴垂直串联结构的机器人。

七轴垂直串联结构的机器人在六轴机器人的基础上，增加了下臂回转轴 LR(Lower Arm Rotation)，使得手臂部分的定位机构扩大到腰回转、下臂摆动、下臂回转、上臂摆动 4 个关节，手腕基准点(参考点)的定位更加灵活。

例如，当机器人上部的运动受到限制时，它仍然能够通过下臂的回转，避让上部的干涉区，从而完成下部作业。此外，它还可以在正面运动受到限制时，通过下臂的回转，避让正面的干涉区，进行反向作业。

二、水平串联型

水平串联结构机器人是日本山梨大学在 1978 年发明的一种机器人结构形式，又称为 SCARA (Selective Complian ce Assembly Robot Arm，平面关节型机器人)结构。

这种机器人为 3C 行业的电子元器件安装等操作而研制，适合于中小型零件的平面装配、焊接或搬运等作业。这种机器人的结构紧凑、质量轻，因此，其本体一般采用平放或壁挂两种安装方式。

水平串联结构机器人一般有 3 个手臂和 4 个控制轴。机器人的 3 个手臂依次沿水平方向串联延伸布置，各关节的轴线相互平行，每一臂都可绕垂直轴线回转。

垂直轴 Z 用于 3 个手臂的整体升降。为了减轻升降部件质量、提高快速性，也有部分机器人使用手腕升降结构。

采用手腕升降结构的机器人增加了 Z 轴升降行程，减轻了升降运动部件质量，提高了手臂刚性和负载能力，故可用于机械产品的平面搬运和部件装配作业。

总体而言，水平串联结构的机器人具有结构简单、控制容易，垂直方向的定位精度高、运动速度快的优点，但其作业局限性较大，因此，多用于3C 行业的电子元器件安装、小型机械部件装配等轻载、高速平面装配和搬运作业。

三、并联型

并联(Parallel Articulated)结构主要用于电子电工、食品药品等行业装配、包装、搬运的高速、轻载机器人中。并联结构是工业机器人的一种新颖结构，它由瑞士 Demaurex 公司在 1992 年率先应用于包装机器人上。这种机器人一般采用悬挂式布局，其基座上置，手腕通过空间均布的 3 根并联连杆支撑。

并联结构机器人可通过控制连杆的摆动角实现手腕在一定圆柱空间内的定位；在此基础上，可通过手腕上的 1～3 轴回转和摆动，增加自由度。

并联结构和前述的串联结构有本质的区别，它是工业机器人结构发展史上的一次重大变革。

在传统的串联结构机器人上，从基座至末端执行器，需要经过腰部、下臂、上臂、手腕、手部等多级运动部件的串联。因此，当腰部回转时，安装在腰部上的下臂、手腕、手部等都必须进行相应的空间移动；当下臂运动时，安装在下臂上的上臂、手腕、手部等也必须进行相应的空间移动等；即后置部件必然随同前置轴一起运动，这无疑提高了前置轴运动部件的质量。

另外，在机器人作业时，执行器上所受的反力也将从手部、手腕依次传递到上臂、下臂、腰部、基座上，即末端执行器也受力，也将串联传递到前端。因此,前端构件在设计时不但要考虑负担后端构件的重力,而且还要承受作业反力,为了保证刚性和精度,每个部件的构件都得有足够体积和质量。由此可见,串联结构的机器人必然存在移动部件质量大、系统刚度低等固有缺陷。

并联结构的机器人手腕和基座采用的是3根并联连杆连接,手部受力可由3根连杆均匀分摊,每根连杆只承受拉力或压力,不承受弯矩或转矩,因此,这种结构理论上具有刚度高、质量轻、结构简单、制造方便等特点。

但是,并联结构的机器人所需要的安装空间较大,机器人在笛卡儿坐标系上的定位控制与位置检测等方面均有相当大的技术难度,因此,其定位精度通常较低。

第四节 工业机器人的技术性能

一、主要技术参数

(一)技术参数

由于机器人的结构、用途和要求不同,机器人的性能也有所不同。一般而言,机器人样本和说明书中所给的主要技术参数有控制轴数(自由度)、承载能力、工作范围(作业空间)、运动速度、位置精度等。此外,还有安装方式、防护等级、环境要求、供电电源要求、机器人外观尺寸与质量等与使用、安装、运输相关的其他参数。

由于多关节机器人的工作范围是三维空间的不规则球体,部分产品也不标出坐标轴的正负行程,为此,样本中一般需要提供详细作业空间图。

(二)分类性能

工业机器人的技术性能要求与用途有关。不同类别的机器人主要技术性能也各不相同。

(三)机器人安装方式

机器人的安装方式与结构有关。一般而言,直角坐标系机器人大都采用底面(Floor)安装,并联结构机器人则采用倒置安装;水平串联结构的多关节型机器人可采用底面和壁挂(Wall)安装;而垂直串联结构的多关节机器人除了常规的底面(Floor)安装方式外,还可根据实际需要,选择壁挂式(Wall)、框架式(Shelf)、倾斜式(Tilted)、倒置式(Inverted)等安装方式。

二、自由度

(一)基本说明

自由度是衡量机器人动作灵活性的重要指标。所谓自由度,就是整个机器人运动链所能够产生的独立运动数,包括直线运动、回转运动、摆动运动,但不包括执行器本身的运动(如刀具旋转等)。机器人的每一个自由度原则上都需要有一个伺服轴驱动其运动,因此,在产品样本和说明书中,通常以控制轴数进行表示。

机器人的自由度与作业要求有关。自由度越多,执行器的动作就越灵活,机器人的通用性也就越好,但其机械结构和控制也就越复杂。因此,对于作业要求基本不变的批量作业机器人来说,运行速度、可靠性是其最重要的技术指标,其自由度则可在满足作业要求的前提下,适当减少;而对于多品种、小批量作业的机器人来说,通用性、灵活性指标显得更加重要,这样的机器人就需要有很多的自由度。

直线运动或回转运动所需的自由度为1。如执行器需要进行平面直线运动(水平面或垂直),或进行直线运动和1个方向的摆动运动,所需的自由度为2。如执行器需要进行空间直线运动,或需要进行平面直线运动和1个方向的摆动运动,所需要的自由度为3。

进而,如要求执行器能够在三维空间内进行自由运动,则机器人必须能实现X、Y、Z三个方向的直线运动和围绕X、Y、Z轴的回转运动,即需要有6个自由度。这也就意味着,如果机器人能具备上述6个自由度,执行器就可以在三维空间上任意改变姿态，实现对执行器位置的完全控制。

如果机器人的自由度超过6个，多余的自由度称为冗余自由度，冗余自由度一般用来回避障碍物。

在三维空间作业的多自由度机器人上，由第1～3轴驱动的3个自由度，通常用于手腕基准点（又称参考点）的空间定位，故称为定位机构；4～6轴则用来改变末端执行器作业点的方向、调整执行器的姿态，如使刀具、工具与作业面保持垂直等，故称为定向机构。但是，当机器人实际工作时，定位和定向动作往往是同时进行的，因此，需要多轴同时运动。

（二）表示方法

从运动学原理上说，绝大多数机器人的本体都是由若干关节（Joint）和连杆（Link）组成的运动链。机器人的每一个关节都可使执行器产生一个或几个运动，但是，由于结构设计和控制方面的原因，一个关节真正能够产生驱动力的运动往往只有一个，这一自由度称为主动自由度；其他不能产生驱动力的运动，称为被动自由度。

一个关节的主动自由度一般有平移、回转和摆动3种，在结构示意图中，它们可分别用符号表示。

多关节串联结构的机器人的自由度表示，只需要根据其机械结构，依次连接各关节。五轴垂直串联结构和三轴水平串联结构机器人的自由度的表示方法，其他结构机器人的自由度表示方法类似。

三、工作范围

（一）基本说明

工作范围（Working Range）又称为作业空间，它是衡量机器人作业能力的重要指标，工作范围越大，机器人的作业区域也就越大。机器人样本和说明书中所提供的工作范围是指机器人在未安装末端执行器时，其参考点（手腕基准点）所能到达的空间。

工作范围的大小取决于机器人各个关节的运动极限范围，它与机器人的结构有关。工作范围应剔除机器人在运动过程中可能产生自身碰撞的干涉区域；此外，机器人实际使用时，还需要考虑安装了末端执行器之后可能产生的碰撞，因此，实际工作范围还应剔除执行器与机器人碰撞的干涉区域。

机器人的工作范围内还可能存在奇异点（Singular Point）。所谓奇异点，是由于结构的约束，导致关节失去某些特定方向的自由度的点，奇异点通常存在于作业空间的边缘，如奇异点连成一片，则称为“空穴”。机器人运动到奇异点附近时，由于自由度的逐步丧失，关节的姿态需要急剧变化，这将导致驱动系统承受很大的负载而产生过载。因此，对于存在奇异点的机器人来说，其工作范围还需要剔除奇异点和空穴。

（二）作业空间

机器人的工作范围主要取决于定位机构的结构形态。作为典型结构，参考点在三维空间的定位可通过三轴直线运动（直角坐标型）、二轴直线加一轴回转或摆动（圆柱坐标型）、一轴直线加二轴回转或摆动（球坐标型）、三轴回转或摆动（关节型、并联型）方式实现。

在以上定位方式中，直角坐标型和并联型结构的机器人工作范围涵盖坐标轴的全部运动区域，故可进行全范围作业。

直角坐标型机器人（Cartesian Coordinate Robot）的参考点定位通过三轴直线运动实现，其作业空间为三维空间的实心立方体；并联型机器人（Parallel Robot）的参考点定位通过 3 个并联轴的摆动实现，其作业范围为三维空间的锥底圆柱体。

圆柱坐标型、球坐标型和关节型机器人的工作范围，需要去除机器人的运动死区，故只能进行部分空间作业。

圆柱坐标型机器人（Cylindrical Coordinate Robot）的参考点定位通过二轴直线加一轴回转摆动实现，其作业范围为三维空间的部分圆柱体；水平串联结构（SCARA 结构）机器人的定位方式与圆柱坐标型机器人类似，其作业范围同样为三维空间的部分圆柱体。球坐标型机器人（Polar Coordinate Robot）的参考点定位通过一轴直线加二轴回转摆动实现，其作业范围为三维空间的部分球体。垂直串联关节型机器人（Articulated

Robot)的参考点定位通过三轴关节的回转摆动实现，其作业范围为三维空间的不规则球体。

四、其他指标

(一)承载能力

承载能力(Payload)是指机器人在作业空间内所能承受的最大负载，其含义与机器人类别有关，一般以质量、力、转矩等技术参数表示。例如，搬运、装配、包装类机器人指的是机器人能够抓取的物品质量；切削加工类机器人是指机器人加工时所能够承受的切削力；焊接、切割加工的机器人则指机器人所能安装的末端执行器质量等。

机器人的实际承载能力与机械传动系统结构、驱动电机功率、运动速度和加速度、末端执行器的结构与形状等诸多因素有关。对于搬运、装配、包装类机器人，产品样本和说明书中所提供的承载能力，一般是指不考虑末端执行器的结构和形状，假设负载重心位于参考点(手腕基准点)时，机器人高速运动可抓取的物品重量。当负载重心位于其他位置时，则需要以允许转矩(Allowable Moment)或图表形式，来表示重心在不同位置时的承载能力。

(二)运动速度

运动速度决定了机器人的工作效率，它是反映机器人水平的重要参数。样本和说明书中所提供的运动速度，一般是指机器人在空载、稳态运动时所能够达到的最大运动速度(Maximum Speed)。

机器人运动速度用参考点在单位时间内能够移动的距离(mm/s)、转过的角度或弧度((°)/s 或 rad/s)表示，它按运动轴分别进行标注。当机器人进行多轴同时运动时，其空间运动速度应是所有参与运动轴的速度合成。

机器人的实际运动速度与机器人的结构刚性、运动部件的质量和惯量、驱动电机的功率、实际负载的大小等因素有关。对于多关节串联结构的机器人，越靠近末端执行器的运动轴，运动部件的质量、惯量就越小，因此，能够达到的运动速度就越快、加速度也越大；同样，越靠近安装基座的运动轴，对结构部件的刚性要求就越高，运动部件的质量、惯量就越大，能够达到的运动速度就越低、加速度也越小。

此外，机器人实际工作速度还受加速度的影响，特别在运动距离较短时，由于加减速的影响，机器人实际上可能达不到样本和说明书中的运动速度。

（三）定位精度

机器人的定位精度是指机器人定位时，执行器实际到达的位置和目标位置间的误差值，它是衡量机器人作业性能的重要技术指标。机器人样本和说明书中所提供的定位精度一般是各坐标轴的重复定位精度 RP（Repeat Positioning），在部分产品上，有时还提供了轨迹重复精度 PR（Path Repeatability）。

由于绝大多数机器人的定位需要通过关节的旋转和摆动实现，其空间位置的控制和检测，远远比以直线运动为主的数控机床困难得多，因此，机器人的位置测量方法和精度计算标准都与数控机床不同。数控机床则普遍使用 ISO230－2VDI/DGQ3441（德国）、JISB6336（日本）、NMT-BA（美国）或 GB/T10931（国标）等，两者的测量要求和精度计算方法都不相同，数控机床的标准要求高于机器人。

机器人的定位需要通过运动学模型来确定末端执行器的位置，其理论位置和实际位置之间本身就存在误差，加上结构刚性、传动部件间隙、位置控制和检测等多方面的原因，其定位精度与数控机床、三坐标测量机等精密加工、检测设备相比，还存在较大的差距，因此，它一般只能用作零件搬运、装卸、码垛、装配的生产辅助设备，或是用于位置精度要求不高的焊接、切割、打磨、抛光等粗加工。

第三章　工业机器人的机械结构

第一节　末端执行器

工业机器人的机械结构是机器人的主要基础理论和关键技术，也是现代机械原理研究的主要内容。机器人一般由驱动系统、执行机构、控制系统三个基本系统，以及一些复杂的机械结构组成。通常用自由度、工作空间、额定负载、定位精度、重复精度和最大工作速度等技术指标来描述机器人的性能。

末端操作器是连接在机器人手腕上的用于机器人执行特定工作的装置，又称手部。由于工业机器人所能完成的工作非常广泛，末端操作器很难做到标准化，因此在实际应用当中，末端操作器一般都是根据其实际要完成的工作进行定制。常用的有以下几类：①夹钳式取料手；②吸附式取料手；③专用操作器及转换器；④仿生多指灵巧手。

一、夹钳式取料手

夹钳式取料手是工业机器人最常用的一种末端操作器形式，在装配流水线上用得较为广泛。它一般由手指（手爪）、驱动机构、传动机构、连接与支撑元件组成，工作机理类似于常用的手钳。夹钳式取料手能用手爪的开闭动作实现对物体的夹持。

（一）手指

手指是直接与工件接触的构件，通过手指的张开和闭合来实现工件的松开和夹紧。指端是手指上直接与工件接触的部位，其形状分为平面指、尖指和特形指。

1. 平面指

一般用于夹持方形工件(具有两个平行表面)、板形或细小棒料。

2. 尖指

一般用于夹持小型或柔性工件。

3. 特形指

一般用于夹持形状不规则的工件。

夹钳式手指端形状夹持式抓取器通常由2个或更多的手指组成,通过机器人控制器控制手指的开合来抓取工件或物体。机械手根据夹持方式,分为内撑式和外夹式两种。根据手指的运动方式,分为移动式和回转式两种。根据手指的多少,分为二手指和多手指两种。

(二)传动机构

驱动源的驱动力通过传动机构驱动手指开合并产生夹紧力。按其手指夹持工件时的运动方式不同,可分为回转型和平移型传动机构,夹持式手部使用较多的是回转型。夹持式手爪还常以传动机构来命名。

二、吸附式取料手

吸附式取料手有气吸式和磁吸式两种。气吸式取料手是通过抽空与物体接触平面密封型腔的空气而产生的负压真空吸力来抓取和搬运物体的。磁吸式取料手是通过通电产生的电磁场吸力来抓取和搬运磁性物体的。

(一)气吸式取料手

由吸盘、吸盘架和气路组成,用于吸附平整光滑、不漏气的各种板材和薄壁零件。吸盘内腔负压产生的方法主要有挤压排气式、真空泵排气式和气流负压式。挤压排气式是靠外力将皮碗压向被吸物体表面,吸盘内腔空气被挤出去,形成吸盘内腔负压,从而吸住物体。这种方式所形成的吸力不大,而且也不可靠。真空泵排气式是靠真空泵将吸盘内空气抽出,形成吸盘内腔负压,从而吸住物体。气流负压式是气泵的压缩空气通过喷嘴形成高压射流,吸盘内的高压空气被带走,在吸盘内腔形成负压,吸盘吸住物体。

1.真空吸附取料手

真空吸附取料手其真空的产生是利用真空泵，真空度较高。取料时，碟形橡胶吸盘与物体表面接触，橡胶吸盘在边缘既起到密封作用，又起到缓冲作用，然后真空抽气，吸盘内腔形成真空，吸取物料。放料时，管路接通大气，失去真空，物体放下。为避免在取放料时产生撞击，有的还在支撑杆上配有弹簧缓冲。真空取料手有时还用于微小无法抓取的零件。真空吸附取料手，工作可靠，吸附力大，但需要有真空系统，成本较高。

2.气流负压吸附取料手

气流负压吸附取料手的工作原理是压缩空气进入喷嘴后，利用伯努利效应使橡胶皮碗内产生负压。

3.挤气负压吸附取料手

挤气负压吸附取料手的工作原理：当吸盘压向作业对象表面时，将吸盘内的空气挤出；松开时，去除压力，吸盘恢复弹性变形，使吸盘内腔形成负压，将作业对象牢牢吸住，到达目标位置后，或用碰撞力或用电磁力做压盖动作，破坏吸盘腔内的负压，释放作业对象。

(二)磁吸式取料手

用接通或切断电磁铁电流的方法来吸、放具有磁性的工件。磁吸式取料手采用的电磁铁有交流电磁铁和直流电磁铁两种。交流电磁铁吸力波动，有噪声和涡流损耗。直流电磁铁吸力稳定，无噪声和涡流损耗。

三、专用操作器及转换器

(一)专用末端操作器

根据作业要求，配上各种专用的末端操作器，就能完成各种不同的工作。末端操作器有拧螺母机、焊枪、电磨头、电铣头、抛光头、激光切割机等，形成一整套系列供用户选用，使机器人胜任各种工作。

(二)换接器或自动手爪更换装置

使用一台通用机器人，要在作业时能自动更换不同的末端操作器，就需要配置具有快速装卸功能的换接器。

气动换接器和专用末端操作器库,该换接器分成两部分:一部分装在手腕上称为换接器;另一部分在末端操作器上称为配合器。利用气动锁紧器将两部分进行连接,并具有就位指示灯以表示电路、气路是否接通。

具体实施时,各种末端操作器放在工具架上,组成一个专用末端操作器库,类似于数控机床的刀库。

四、仿生多指灵巧手

(一)柔性手

柔性手可对不同外形物体实施抓取,并使物体表面受力比较均匀,用柔性材料做成的柔性手。一端固定,一端为自由端的双管合一的柔性管状手爪。适用于抓取轻型、圆形物体,如玻璃器皿等。

(二)多指灵活手

机器人手部和腕部最完美的形式是模仿人手的多指灵活手,每一个手指有三个回转关节,每一个关节自由度都是独立控制的。因此,各种复杂动作都能模仿。

第二节　工业机器人的手腕

工业机器人的手腕是连接手臂和末端执行器的部件,用以调整末端执行器的方位和姿态。因此,它具有独立的自由度,以满足机器人手部完成复杂的姿态,通常由 2 个或 3 个自由度组成。例如,设想用机器人的手部夹持一个螺钉对准螺孔拧入,首先必须使螺钉前端到达螺孔入口,然后必须使螺钉的轴线对准螺孔的轴线,使轴线相重合后拧入。这就需要调整螺钉的方位角,前者即手部的位置,后者即手部的姿态。

3 个自由度机器人手腕的典型配置,组成这 3 个自由度的 3 个关节分别被定义如下。

①扭转(Roll):应用一个 T 形关节来完成相对于机器人手臂轴的旋

转运动。

②俯仰(Pitch):应用一个R形关节来完成上下旋转摆动。

③偏摆(Yaw):应用一个R形关节来完成左右旋转摆动。

值得注意的是,SCARA机器人是唯一不需要安装手腕的机器人,而其他机器人的手腕几乎总是由R形和T形关节配置组成的。为了完整表示工业机器人的手臂及手腕结构,有时采用“手臂关节:手腕关节”的符号化形式来对其进行表示,如“TLR:TR”就表示了一个具有5自由度机器人的手臂手腕结构,其中TLR代表手臂是由一个扭转关节(T)、一个线性关节(L)和一个转动关节(R)组成的,TR代表手腕是由一个扭转关节(T)和一个转动关节(R)组成的。

一、腕部的转动方式

为了使手部能处于空间任意方向,要求腕部能实现对空间三个坐标轴x、y、z的转动,即具有翻转、俯仰和偏转三个自由度。这三个回转方向又分别称为臂转、手转、腕摆。

腕部是安装在臂部的小臂上,因此腕部结构的设计要满足传动灵活、结构紧凑轻巧、避免干涉,具有合理的自由度。

(一)臂转

臂转是指腕部绕小臂轴线的转动,又称为腕部旋转。有些机器人限制其腕部转动角小于360°。另一些机器人则仅仅受到控制电缆缠绕圈数的限制,腕部可以转几圈。按腕部转动特点的不同,用于腕部关节的转动又可细分为滚转和弯转两种。

滚转是指组成关节的两个零件自身的几何回转中心和相对运动的回转轴线组合,因而能实现360°无障碍旋转的关节运动,通常用R来标记。

弯转是指两个零件的几何回转中心和其相对运动的回转轴线垂直的关节运动。由于受到结构的限制,其相对转动角度一般小于360°通常用B来标记。

(二)手转

手转是指腕部的上下摆动，这种运动也称为俯仰，又称为腕部弯曲。

(三)腕摆

腕摆指机器人腕部的水平摆动。

腕部结构多为上述三个回转方式的组合，组合的方式可以有多种形式，常用腕部组合的方式有臂转——腕摆——手转结构、臂转——双腕摆——手转结构等。

二、腕部的分类

(一)按自由度数目来分

腕部根据实际使用的工作要求和机器人的工作性能来确定自由度，腕部按自由度数目，可分为单自由度腕部、二自由度腕部和三自由度腕部。

1. 单自由度腕部

具有单一的臂转功能，腕部关节轴线与手臂的纵轴线共线，回转角度不受结构限制，可以回转 360°以上。该运动用滚转关节(R 关节)实现。

具有单一的手转功能，腕部关节轴线与手臂及手的轴线相互垂直；具有单一的侧摆功能，腕部关节轴线与手臂及手的轴线在另一个方向上相互垂直，两者回转角度都受结构限制，通常小于 360°，该两者运动都用弯转关节(B 关节)实现。

具有单一的平移功能，腕部关节轴线与手臂及手的轴线在一个方向上成一平面；不能转动只能平移，该运动用平移关节(T 关节)实现。

2. 二自由度腕部

可以由一个滚转关节和一个弯转关节联合构成滚转弯转 BR 关节，实现二自由度腕部；或由两个弯转关节组成 BB 关节实现二自由度腕部；但不能由两个滚转关节 RR 构成二自由度腕部，因为两个滚转关节的功能是重复的，实际上只能起到单自由度的作用。

3. 三自由度腕部

三自由度腕部可以由 B 关节和 R 关节组成多种形式，实现臂转、手转和腕摆功能。事实证明，三自由度腕部能使手部取得空间任意姿态。BBR 腕部，使手部具有俯仰、偏转和翻转运动；为了不使自由度退化，第一个 R 关节必须偏置；三个 R 关节不能共轴线；它已经退化为二自由度腕部，在实际中是不被采用的。

此外，B 关节和 R 关节排列的次序不同，也会产生不同的效果，因而也产生了其他形式的三自由度腕部。

(二)按驱动方式来分

1. 液压(汽)缸驱动的腕部结构

直接用回转液压(汽)缸驱动实现腕部的回转运动，具有结构紧凑灵活等优点。腕部结构采用回转液压缸实现腕部的旋转运动。当压力油从右进油孔进入液压缸右腔时，便推动回转叶片和回转轴一起绕轴线顺时针转动；当压力油从左进油孔进入液压缸左腔时，便推动转轴逆时针回转。由于手部和回转轴连成一个整体，故回转角度极限值由动片、定片之间允许回转的角度来确定，液压缸可以回转$+90°$和$-90°$。

2. 机械传动的腕部结构

三自由度的机械传动腕部的传动图，是一个具有三根输入轴的差动轮系。腕部旋转使得附加的腕部结构紧凑、重量轻。这种腕部可使手的运动灵活、适应性广。目前，它已成功地用于电焊、喷漆等通用机器人上。

三、柔顺手腕结构

在用机器人进行的精密装配作业中，当被装配零件之间的配合精度相当高，由于被装配零件的不一致性，工件的定位夹具、机器人手臂的定位精度无法满足装配要求时，会导致装配困难，因而就提出了装配动作的柔顺性要求。

柔顺性装配技术有两种，一种是从检测、控制的角度，采取各种不同的搜索方法，实现边校正边装配。有的手爪还配有检测元件如视觉传感器，力传感器等，这就是所谓“主动柔顺装配”。另一种是从结构的角度在手腕部配置一个柔顺环节，以满足柔顺装配的需要。这种柔顺装配技术称为“被动柔顺装配”。

具有移动和摆动浮动机构的柔顺手腕，水平浮动机构由平面、钢球和弹簧构成，实现在两个方向上进行浮动，摆动浮动机构由上、下球面和弹簧构成，实现两个方向的摆动。在装配作业中如遇夹具定位不准或机器人手爪定位不准时可自行校正。其动作过程是在插入装配中工件局部被卡住时，将会受到阻力，促使柔顺手腕起作用，使手爪有一个微小的修正量，工件便能顺利插入。采用板弹簧作为柔性元件组成的柔顺手腕，在基座上通过板弹簧连接框架，框架另两个侧面上通过板弹簧连接平板和轴。装配时通过四块板弹簧的变形实现柔顺性装配。

第三节　工业机器人的手臂

工业机器人的臂部是其主要执行部件，它的作用是支撑腕部和手部，并带动它们在作业环境空间运动。它是由一系列的动力关节(Joint)和连杆(Link)组成的，是支撑手腕和末端执行器的部件，用以改变末端执行器的空间位置。通常，一个关节连接两个连杆，即一个输入连杆和一个输出连杆，机器人的力或运动通过关节由输入连杆传递给输出连杆，关节用于控制输入连杆与输出连杆间的相对运动。

一、工业机器人臂部关节的类型

工业机器人臂部关节通常可分为五种类型，其中两种为平移关节，三种为转动关节。这五种类型分别如下。

①L形关节(线性关节)：输入连杆与输出连杆的轴线平行，输入连杆与输出连杆间的相对运动为平行滑动。

②O形关节(正交关节)：输入连杆与输出连杆间的相对运动也是平行滑动，但输入连杆与输出连杆在运动过程中保持相互垂直。

③R 形关节(转动关节):输入连杆与输出连杆间做相对旋转运动,而旋转轴线垂直于输入和输出连杆。

④T 形关节(扭转关节):输入连杆与输出连杆间做相对旋转运动,但旋转轴线平行于输入和输出连杆。

⑤V 形关节(回转关节):输入连杆与输出连杆间做相对旋转运动,旋转轴线平行于输入连杆而垂直于输出连杆。

由上述五种类型的工业机器人手臂关节进行不同的组合,可以形成多种不同的工业机器人结构配置,在实际应用中,为了简化,商业化的工业机器人通常仅采用下列五种结构配置之一,这五种配置正好是按坐标系划分的机器人分类。

①极坐标结构:由 T 形关节、R 形关节和 L 形关节配置组成。

②圆柱坐标结构:由 T 形关节、L 形关节和 O 形关节配置组成。

③直角坐标结构:由一个 L 形关节和两个 O 形关节配置组成。

④关节坐标结构:由一个 T 形关节和两个 R 形关节配置组成。

⑤SCARA 结构:由 V 形关节、R 形关节和 O 形关节配置组成。

二、臂部机构

(一)臂部伸缩机构

机器人臂部的伸缩运动属于直线运动。当行程小时,采用油(汽)缸直接驱动;当行程大时,可采用油(汽)缸驱动齿条传动的倍增机构或步进电机及伺服电动机驱动,也可用丝杆螺母或滚珠丝杆传动。常用的导向装置有单导向杆和双导向杆等。

双导向杆臂部的伸缩臂部和腕部是通过连接板安装在升降液压缸的上端。由于臂部的伸缩液压缸安装在两根导向杆之间,由导向杆承受弯曲作用,活塞杆只受拉压作用,故受力简单、传动平稳、外形整齐美观、结构紧凑。

四根导向柱的臂部伸缩结构,手臂的垂直伸缩运动由油缸驱动,其特点是行程长,抓重大。工件形状不规则时,为了防止产生较大的偏重力矩，可用四根导向柱，这些工业机器人技术及其典型应用研究种结构多用于箱体加工线上。

（二）臂部俯仰机构

机器人的臂部俯仰运动一般采用活塞液压缸与连杆机构来实现。臂部的俯仰运动所用的活塞缸位于臂部的下方，其活塞杆和臂部用铰链连接，缸体采用尾部耳环或中部销轴等方式与立柱连接。

第四节　工业机器人的机身

一、工业机器人的机身概述

机器人的机身（或称立柱）是直接连接、支撑和传动手臂及行走机构的部件，实现手臂各种运动的驱动装置和传动件一般都安装在机身上。手臂的运动越多，机身的受力越复杂。机身既可以是固定式的，也可以是行走式的，即在它的下部装有能行走的机构，可沿地面或架空轨道运行。对于固定式机器人，机身直接连接在地面基础上；对于移动式机器人，机身则安装在移动机构上。机身由手臂运动（升降、平移、回转和俯仰）机构及有关的导向装置、支撑件等组成。由于机器人的运动方式、使用条件、载荷能力各不相同，所采用的驱动装置、传动机构、导向装置也不同，致使其机身结构有很大差异。

二、工业机器人的机身结构

机器人的机身结构一般由机器人总体设计确定。例如，柱面坐标机器人把回转与升降这两个自由度归属于机身，球面坐标机器人把回转与俯仰这两个自由度归属于机身，多关节型机器人把回转自由度归属于机身，直角坐标机器人有时把升降（Z 轴）或水平移动（X 轴）自由度归属于机身。下面介绍两种典型机身结构，即回转与升降机身和回转与俯仰机身。

回转式升降机身的特征如下：

液压缸驱动，升降液压缸在下，回转液压缸在上，升降活塞杆的尺寸要大。液压缸驱动，回转液压缸在下，升降液压缸在上，回转液压缸的驱动力矩要设计得大一些。链轮传动机构，回转角度可大于360°。

三、工业机器人机身与手臂的配置形式

机身和臂部的配置形式基本上反映了机器人的总体布局。由于机器人的作业环境和场地等因素的不同，出现了各种配置形式。目前有横梁式、立柱式、机座式和屈伸式四种。

(一)横梁式配置

机身设计成横梁式，用于悬挂手臂部件，通常分为单臂悬挂式和双臂悬挂式两种。这类机器人的运动形式大多为移动式。它具有占地面积小、能有效利用空间、动作简单直观等优点。

横梁可以是固定的，也可以是行走的，一般安装在厂房原有建筑的柱梁或有关设备上，也可从地面上架设。

(二)立柱式配置

立柱式机器人多采用回转型、俯仰型或屈伸型的运动形式，是一种常见的配置形式。常分为单臂式和双臂式两种。一般臂部都可以在水平面内回转，具有占地面积小、工作范围大的特点。立柱可固定安装在空地上，也可以固定在床身上。立柱式机器人结构简单，服务于某种主机，承担上、下料或转运等工作。

(三)机座式配置

机座式机器人可以是独立的、自成系统的完整装置，随意安放和搬动，也可以沿地面上的专用轨道移动，以扩大其活动范围。各种运动形式均可设计成机座。

(四)屈伸式配置

机器人的臂部由大小臂组成，大小臂间有相对运动，称为屈伸臂。屈

伸臂与机身一起,结合机器人的运动轨迹,既可以实现平面运动,也可以实现空间运动。

第四章　工业机器人的驱动系统

第一节　工业机器人驱动系统的类型和组成

一、工业机器人驱动系统的类型

工业机器人驱动系统按动力源不同可分为气动驱动系统、液压驱动系统和电动驱动系统三大类。

(一)气动驱动系统

气动驱动系统是利用压缩空气驱动工业机器人运动的系统，一般由气缸和控制阀组成。其优点是速度快，结构简单，维修方便，价格低廉，适于中小负荷的工业机器人使用。其缺点是实现伺服控制困难，故多用于程序控制的工业机器人中，如完成上下料、冲压工作的工业机器人等。

(二)液压驱动系统

液压驱动系统利用液压油的压力能驱动工业机器人运动系统，主要包括直线位移或旋转式液压缸、液压伺服系统。液压系统是利用伺服阀改变油液通路的液流截面，与控制信号成比例地调节流速的一种方式。液压驱动的特点是动力大，力或力矩惯量比大，响应快速，易于实现直接驱动等，故适于在承载能力大、惯量大、防爆环境条件下使用。但由于要进行电能转换为液压能的能量转换，速度控制多采用节流调速，效率比电动驱动要低，液压系统液体泄漏会对环境造成污染，工作噪声较高，因此适用于中低负载的工业机器人。

(三)电动驱动系统

电动驱动系统有步进电动机驱动、直流伺服电动机驱动和交流伺服电动机驱动等三种方式。近十年来，低惯量、大转矩交直流伺服电动机及其配套的伺服驱动器广泛用于各类工业机器人中。其特点是：无需能量转换，使用方便，噪声较低，控制灵活。大多数电动机后面需装精密的传动机构，直流有刷电动机不能用于要求防爆的环境中。近几年又开发了直接驱动电动机，它能使机器人快速、高精度定位，已广泛用于装配机器人中。

二、工业机器人驱动系统的组成

工业机器人的驱动系统包括动力装置和传动机构两大部分，动力装置是为工业机器人执行机构提供执行任务的动力来源，传动机构是把动力装置的动力传递给执行机构的中间设备。

(一)工业机器人的动力装置

1. 气动驱动系统的动力装置

气动动力系统的动力装置具体组成如下：

①气源。气动动力系统可直接使用压缩空气站的气源或自行设置气源，使用的气体压力约为0.5～0.7MPa，流量为200～500L/h。

②控制调节元件。控制调节元件包括气动阀(常用的有电磁换向阀、节流阀、减压阀)、快速排气阀、调压器等。

③辅助元件与装置。辅助元件与装置包括分水滤气器、油雾器、储气罐、压力表及管路等。通常把空气过滤器、油雾器和减压阀做成组装式结构，称为气动三联件。

④动力机构。工业机器人中用的是直线气缸和摆动气缸。直线气缸分单作用式和双作用式两种，多数用双作用式，如手爪机构。摆动气缸主要用于工业机器人的回转关节，如腕关节。

⑤制动器。由于气缸中活塞的速度较高，因此要求工业机器人准确定位时，需采用制动器。制动方式有反压制动，常用的制动器有气动节流装置、液压阻尼或弹簧式阻尼机构。

⑥限位器。限位器包括限位开关、限位挡块式锁紧机构等。

2. 液压驱动系统的动力装置

液压动力系统的动力装置具体组成如下：

①油源。通常把由油箱、滤油器和压力表等构成的单元称为油源。通过电动机带动液压泵，把油箱中的低压油变为高压油，供给液压执行机构。工业机器人液压系统的油液工作压力一般为7～14MPa。

②执行机构。液压系统的执行机构分为直线液压缸和回转液压缸。回转液压缸又称液压马达，其转角为360°或以上，转角小于360°的称为摆动液压缸。工业机器人运动部件的直线运动和回转运动，绝大多数都直接由直线液压缸和回转液压缸驱动产生，称为直接驱动方式；有时由于结构安排的需要，也可以用直线液压缸或回转液压缸经转换机构而产生回转或直线运动，称为间接驱动方式。

③控制调节元件。控制调节元件包括：控制整个液压系统压力的溢流阀，控制油液流向的电磁阀、单向阀，调节油液流量（速度）的单向节流阀、单向行程节流阀等。

液压驱动系统中应用较多的动力装置是伺服控制驱动型的。电液伺服驱动系统由电液伺服阀、液压缸及反馈部分构成。电液伺服驱动系统的作用是通过电气元件与液压元件组合在一起的电液伺服阀，把输入的微弱电控信号经电气机械转换器变换为力矩，经放大后驱动液压阀，进而达到控制液压缸的高压液流的流量和压力的目的。

④辅助元件。辅助元件包括蓄能器、管路、管接头等。

3. 电动驱动系统的动力装置

电动动力系统的动力装置主要组成部分有位置比较器、速度比较器、信号和功率放大器、驱动电动机、减速器以及构成闭环伺服驱动系统不可缺少的位置和速度检测元件。采用步进电动机的驱动系统没有反馈环节，故其构成的是开环系统。

工业机器人常用的驱动电动机有直流伺服电动机、交流伺服电动机和步进电动机。直流伺服电动机的控制电路较简单，价格较低廉，但电动机电刷有磨损，需定时调整及更换，既麻烦又影响性能，电刷还能产生火花易引爆可燃物质,有时不够安全。交流伺服电动机结构较简单,无电刷,运行安全可靠,但控制电路较复杂,价格较高。步进电动机是以电脉冲使其转子产生转角,控制电路较简单,也不需要检测反馈环节,因此价格较低廉,但步进电动机的功率不大,不适用于大负荷的工业机器人。

机器人的直流伺服电动机、步进电动机多数应用脉冲宽度调制伺服驱动器来控制机器人的动作,它的调速范围宽,低速性能好,响应快,效率高。直流伺服电动机的 PWM 伺服驱动器的电源电压固定不变,用大功率晶体管作为具有固定开关频率的开关元件,通过改变脉冲宽度来改变施加在电动机电枢端的电压值,以实现改变电动机转速的目的。

现在介绍交流伺服电动机的交流 PWM 变频调速。伺服驱动器中的速度调节器将给定速度信号与电动机的速度反馈信号进行比较,产生的给定电流信号同电动机的转子位置信号共同控制电流函数发生器,产生相电流给定值,经过电流调节器后送至大功率晶体管基极驱动电路,驱动晶体管产生相电流,以控制交流伺服电动机的转速。

(二)工业机器人的传动机构

工业机器人的传动机构用来把动力装置的动力传递到关节和动作部位。工业机器人的传动系统要求结构紧凑、质量轻、转动惯量和体积小、传动间隙小、运动和位置精度高。工业机器人传动装置除采用常见的蜗杆传动、带传动、链传动和行星轮传动等传动作为传动装置外,还用滚珠丝杠传动、谐波传动、钢带传动、同步带传动、绳轮传动、流体传动、连杆传动及凸轮传动等作为传动装置。

1.丝杠传动机构

丝杠传动机构有滑动式、滚珠式和静压式等三种形式。工业机器人传动用的丝杠具备结构紧凑、间隙小和传动效率高等特点。滑动式丝杠螺母机构是连续的面接触,传动中不会产生冲击,传动平稳,无噪声,能自锁。因为丝杠的螺旋升角较小,所以用较小的驱动转矩可获得较大的牵引力。但是丝杠螺母螺旋面之间的摩擦为滑动摩擦,故传动效率低。滚珠丝杠机构不仅传动效率高,而且传动精度和定位精度也很高,传动时灵敏度和平稳性也很好。由于磨损小，滚珠丝杠机构的使用寿命比较长，但成本较高。

工业机器人采用丝杠螺母传动的手臂升降机构，由电动机 2 带动蜗杆 1 使蜗轮 5 回转，依靠蜗轮内孔的螺纹带动丝杠 4 做升降运动。为了防止丝杠转动，在丝杠上端铣有花键，与固定在箱体 6 上的花键套 7 组成导向装置。

2. 谐波传动机构

谐波传动在运动学上是一种具有柔性齿圈的行星传动，它在工业机器人上获得了广泛的应用。谐波发生器通常由凸轮或偏心安装的轴承构成。

刚轮为刚性齿轮，柔轮为能产生弹性变形的齿轮。当谐波发生器连续旋转时，产生的机械力使柔轮变形，变形曲线为一条基本对称的谐波曲线。发生器波数表示谐波发生器转一周时，柔轮某一点变形的循环次数。由于谐波发生器 4 的转动使柔轮 5 上的柔轮齿圈 2 与刚轮(圆形花键轮)6 上的刚轮内齿圈 3 相啮合。1 为输入轴，如果刚轮 6 固定，则轴 7 为输出轴；如果轴 7 固定，则刚轮 6 的轴为输出轴。

3. 带传动和链传动机构

带传动和链传动机构用于传递平行轴之间的回转运动，或把回转运动转换成直线运动。工业机器人中的带传动和链传动分别通过带轮或链轮传递回转运动，有时还用来驱动平行轴之间的小齿轮。

(1)链传动

链传动属于比较完善的传动机构，由于噪声小、效率高，因此得到了广泛的应用。但是，高速运动时滚子与链轮之间的碰撞会产生较大的噪声和振动，只有在低速下才能得到满意的传动效果，即链传动适合低惯性负载的关节传动。链轮齿数少，摩擦力会增加，要得到平稳运动，链轮的齿数应大于 17，并尽量采用奇数齿。

(2)同步带传动

同步带的传动面上有与带轮啮合的梯形齿。同步带传动时无滑动，初始张力小,被动轴的轴承不易过载。因无滑动,它除了用作动力传动外,还适用于定位。同步带传动属于低惯性传动,适合在电动机和速比较高的减速器之间使用。

(3)绳传动

绳传动广泛应用于机器人的手爪开合传动,特别适合有限行程的运动传递。绳传动的主要优点是钢丝绳强度大,各方向上的柔软性好,尺寸小,预载后有可能消除传动间隙。绳传动的主要缺点是:不加预载时存在传动间隙;因为绳索的蠕变和索夹的松弛,传动不稳定;多层缠绕后,在内层绳索及支承中损耗能量,效率低,易积尘垢。

(4)钢带传动

钢带传动的优点是传动比精确,传动件质量小,惯量小,传动参数稳定,柔性好,不需要润滑,强度高。钢带末端紧固在驱动轮和被驱动轮上,因此,摩擦力不是传动的重要因素。钢带传动适合有限行程的传动。钢带传动已成功应用在爱德普(adept)机器人上,其以 1:1 速比的直接驱动在立轴和小臂关节轴之间进行远距离传动。

(5)杆、连杆与凸轮传动

重复完成简单动作的搬运机器人广泛采用杆、连杆与凸轮机构,例如从某位置抓取物体放在另一位置上的作业。连杆机构的特点是用简单的机构就可得到较大的位移。而凸轮机构具有设计灵活、可靠性高和形式多样等特点。外凸轮机构是最常见的凸轮机构,它借助弹簧可得到较好的高速性能;内凸轮驱动时要求有一定的间隙,其高速性能不如外凸轮机构;圆柱凸轮用于驱动摆杆,在与凸轮回转方向平行的面内摆动。

第二节　液压、气动驱动系统

一、液压驱动系统

液压驱动系统利用液压泵将原动机的机械能转换为液体的压力能,

通过液体压力能的变化来传递能量,经过各种控制阀和管路的传递,借助于液压执行元件(液压缸或液压马达)把液体压力能转换为机械能,从而驱动工作机构,实现直线往复运动或回转运动。其中的液体称为工作介质,一般为矿物油,它的作用和机械传动中的传送带、链条和齿轮等传动元件类似。

(一)液压系统概述

液压系统的主要作用是:通过增加系统压强的方式来增大系统的作用力。液压驱动方式的输出力和功率较大,能构成伺服机构,常用于大负载工业机器人关节的驱动。

1.液压系统的工作原理

电动机驱动液压泵 2 从油箱 1 中吸油输送至管路中,经过换向阀 4 改变液压油的流动方向,再经过节流阀 6 调整液压油的流量(流量大小由工作液压缸的需要量决定)。换向阀位置是液压油经换向进入液压缸 5 左侧空腔,推动活塞右移;液压缸活塞右侧腔内液压油经过换向阀已经开通的回油管,流回油箱。

液压缸左腔中的液压油经换向阀流回油箱。操作手柄的进出动作变换液压油输入液压缸的方向,推动活塞左、右移动。液压泵输出的油压按液压缸活塞工作能量的需要由溢流阀 3 调整控制。在溢流阀调压控制时,多余的液压油经溢流阀流回油箱。输油管路中的液压油压力在额定压力下安全流动,正常工作。

2.液压系统的组成

一个完整的液压系统由五个部分组成,即动力元件、控制元件、执行元件、辅助元件(附件)和工作介质。

动力元件包括电动机和液压泵,它的作用是利用液体把原动机的机械能转换成液体的压力能,是液压传动中的动力部分。执行元件包括液压缸、液压马达等,它是将液体的压力能转换成机械能。其中,液压缸做直线运动,马达做回转运动。控制元件包括节流阀、换向阀、溢流阀等,它们的作用是对液压系统中工作液体的压力、流量和流向进行调节、控制。

辅助元件是指除上述三部分以外的其他元件,包括压力表、过滤器、蓄能装置、冷却器、管件、各种管接头(扩口式、焊接式、卡套式)、高压球阀、快换接头、软管总成、测压接头、管夹及油箱等。工作介质是指液压传动中的液压油或乳化液。它经过液压泵和液压缸实现能量转换。

采用液压缸作为液压传动系统的执行元件,能够省去中间的减速器,从而消除齿隙和磨损问题,加上液压缸的结构简单,价格便宜,因而在工业机器人的往复运动装置和旋转运动装置上都得到了广泛应用。

(二)液压系统的主要设备

1.液压缸

液压缸是液体压力能转变为机械能的、做直线往复运动(或摆动运动)的液压执行元件。它结构简单、工作可靠。用它来实现往复运动时,可免去减速装置,并且没有传动间隙,运动平稳,因此在各类液压系统中得到了广泛应用。

用电磁阀控制的直线液压缸是最简单也是最便宜的开环液压驱动装置。在直线液压缸的操作中,通过受控节流口调节流量,可以在到达运动终点时实现减速,使停止过程得到控制。

无论是直线液压缸还是旋转液压马达,它们的工作原理都基于高压油对活塞或叶片的作用。液压油经控制阀被送到液压缸的一端,在开环系统中,阀由电磁铁控制;在闭环系统中,阀则用电液伺服阀来控制。

2.液压马达

液压马达又称为旋转液压马达,是液压系统的旋转式执行元件。壳体由铝合金制成,转子是碳素钢制成的。密封圈和防尘圈分别用来防止油的外泄和保护轴承。在电液阀的控制下,液压油经进油口进入,并作用于固定在转子的叶片上,使转子转动。隔板用来防止液压油短路。通过一对由消隙齿轮带动的电位器和一个解算器给出转子的位置信息。电位器给出粗略值,而精确位置由解算器测定。当然,整体的精度不会超过驱动电位器和解算器的齿轮系精度。

3. 液压阀

(1)单向阀

单向阀只允许油液向某一方向流动，而反向截止。这种阀也称为止回阀。对单向阀的主要性能要求是：油液通过时压力损失要小，反向截止时密封性要好。液压油从 P_1 进入，克服弹簧力推动阀芯，使油路接通，液压油从 P_2 流出。当液压油从反向进入时，油液压力和弹簧力将阀芯压紧在阀座上，油液不能通过。

(2)换向阀

①滑阀式换向阀是靠阀芯在阀体内做轴向运动，而使相应的油路接通或断开的换向阀。

②手动换向阀用于手动换向。

③机动换向阀用于机械运动中，作为限位装置限位换向。

④电磁换向阀用于电气装置或控制装置发出换向命令时，改变流体方向，从而改变机械运动状态。

二、气动驱动系统

气动技术是以压缩机为动力源，以压缩空气为工作介质，进行能量传递和信号传递的一门工程技术，是实现各种生产控制、自动控制的重要手段之一。由于空气有可压缩性，所以气缸的动作速度易受负载影响，工作压力较低(一般为 0.4～0.8MPa)，因此气动系统输出力较小，工作介质空气本身没有润滑性，需加油装置进行给油润滑。

(一)气动系统概述

1. 气动系统的工作原理

气动系统利用空压机把电动机或其他原动机输出的机械能转换为空气的压力能，然后在控制元件的作用下，通过执行元件把压力能转换为直线运动或回转运动形式的机械能，从而完成各种动作，并对外做功。从空压机输出的压缩空气中含有大量的水分、油分和粉尘等污染物，质量不良的压缩空气是气动系统出现故障的最主要因素，它会使气动系统的可靠性和使用寿命大大降低。因此，压缩空气进入气动系统前应进行二次过滤，以滤除压缩空气中的水分、油滴以及杂质，达到气动系统所需要的净化程度。

为确保系统压力的稳定性，减小因气源气压突变对阀门或执行器等硬件的损伤，进行空气过滤后，应调节或控制气压的变化，并保持降压后的压力值固定在需要的值上。常用方法是使用减压阀对系统进行减压。

气动系统的机体运动部件需进行润滑以减少磨损。对不方便加润滑油的部件进行润滑，可以采用油雾器，它是气压系统中一种特殊的注油装置，其作用是把润滑油雾化后，经压缩空气携带进入系统各润滑部位，满足润滑的需要。

工业上的气动系统常常使用组合的气动三联件作为气源处理装置。气动三联件是指空气过滤器、减压阀和油雾器。各元件之间采用模块式组合的方式连接。这种方式安装简单，密封性好，易于实现标准化、系列化，可缩小外形尺寸，节省空间和配管，便于维修和集中管理。

2.气动系统的组成

气动系统由气源装置、气动控制元件、气动执行元件和辅助元件组成。

(1)气源装置是将原动机输出的机械能转变为空气的压力能的装置。其主要设备是空气压缩机。

(2)控制元件用来控制压缩空气的压力、流量和流动方向，以保证执行元件具有一定的输出力和速度，并按设计的程序正常工作，常见的控制元件包括压力阀、流量阀、方向阀和逻辑阀等。

(3)执行元件是将空气的压力能转变为机械能的能量转换装置，如气缸和气马达。

(4)辅助元件是用于辅助保证空气系统正常工作的一些装置，如干燥器、空气过滤器、消声器和油雾器等。

(二)气动系统的主要设备

1.气源装置

气源装置中，空气压缩机用以产生压缩空气，一般由电动机带动。其吸气口装有空气过滤器以减少进入空气压缩机的杂质的量。后冷却器用于冷却压缩空气，使净化的水凝结出来。油水分离器用于分离并排出降温冷却的水滴、油滴、杂质等。储气罐用于储存压缩空气，稳定压缩空气的压力并除去部分油分和水分。干燥器用于进一步吸收或排除压缩空气中的水分和油分，使之成为干燥空气。

2.气动执行元件

(1)气缸

在气缸运动的两个方向上，根据受气压控制的方向个数的不同，气缸可分为单作用气缸和双作用气缸。在缸盖一端气口输入压缩空气，使活塞杆伸出(或缩回)，而在另一端靠弹簧力、自重或其他外力等使活塞杆恢复到初始位置。单作用气缸只在动作方向需要压缩空气，故可节约一半压缩空气。其主要用在夹紧、退料、阻挡、压入、举起和进给等操作上。根据复位弹簧位置可将单作用气缸分为预缩型气缸和预伸型气缸。当弹簧装在有杆腔内时，由弹簧的作用力使气缸活塞杆初始位置处于缩回位置，这种气缸称为预缩型单作用气缸；当弹簧装在无杆腔内时，气缸活塞杆初始位置为伸出位置，我们称之为预伸型气缸。

双作用气缸是应用最为广泛的气缸。其动作原理是：从无杆腔端的气口输入压缩空气时，若气压作用在活塞左端面上的力克服了运动摩擦力、负载等各种作用力，则当活塞前进时，有杆腔内的空气经气口排出，使活塞杆伸出。同样，当有杆腔端气口输入压缩空气时，活塞杆缩回至初始位置。通过无杆腔和有杆腔交替进气和排气，活塞杆伸出和缩回，气缸实现往复直线运动。双作用气缸具有结构简单、输出力稳定、行程可根据需要选择的优点，但由于是利用压缩空气交替作用于活塞上实现伸缩运动的，回缩时压缩空气的有效作用面积较小，所以产生的力要小于伸出时产生的推力。

(2)气动马达

气动马达是一种做连续旋转运动的气动执行元件，是以压缩空气为工作介质的原动机。它是利用压缩气体的膨胀作用，把压力能转换为机械能的动力装置。气动马达的工作适应性较强，可用于无级调速、启动频繁、经常换向、高温潮湿、易燃易爆、负载启动、不便人工操纵及有过载可能的场合。气动马达按结构形式不同分为叶片式气动马达、活塞式气动马达和齿轮式气动马达。

双向旋转的叶片式气动马达的工作原理为压缩空气由 A 孔输入，小部分经定子两端的密封盖的槽进入叶片底部，将叶片推出，使叶片贴紧在定子内壁上，大部分压缩空气进入相应的密封空间而作用在两个叶片上。由于两叶片伸出长度不等，因此产生了转矩差，使叶片与转子按逆时针方向旋转，做功后的气体由定子上的 B 孔排出。若改变压缩空气的输入方向(即压缩空气由 B 孔进入，从 A 孔排出)，则可改变转子的转向。

3. 气动控制元件

(1)压力控制阀

压力控制阀分为减压阀(调压阀)、顺序阀、安全阀等。减压阀是气动系统中的压力调节元件。气动系统的压缩空气一般是由压缩机将空气压缩，储存在储气罐内，然后经管路输送给气动装置使用，储气罐的压力一般比设备实际需要的压力高，并且压力波动也较大，在一般情况下，需采用减压阀来得到压力较低并且稳定的压缩空气。

当阀处于工作状态时，调节手柄 1、调压弹簧 2、3 及膜片 5，通过阀杆 6 使阀芯 8 下移，进气阀口被打开，有压气流从左端输入，经阀口节流减压后从右端输出。输出气流的一部分由阻尼管 7 进入膜片气室，在膜片 5 的下方产生一个向上的推力，这个推力总是企图把阀口开度关小，使其输出压力下降，在作用于膜片上的推力与弹簧力相平衡后，减压阀的输出压力便保持一定。当输入压力发生波动时，如输入压力瞬时升高，输出压力也随之升高，作用于膜片 5 上的气体推力也随之增大，破坏了原来力的平衡，使膜片 5 向上移动，有少量气体经溢流口 4、排气孔 11 排出。在膜片上移的同时，因复位弹簧 10 的作用，输出压力下降，直到新的平衡为止。重新平衡后的输出压力又基本上恢复至原值。反之，输出压力瞬时下降，膜片下移，进气口开度增大，节流作用减小，输出压力又基本上回升至原值。

顺序阀又称压力联锁阀，它是一种依靠回路中的压力变化来实现各种顺序动作的压力控制阀，常用来控制气缸的顺序动作。若将顺序阀和单向阀组装成一体，则称为单向顺序阀。顺序阀常用于气动装置中不便于安装机控阀发送行程信号的场合。压缩空气从P口进入阀芯，作用在阀芯下面的环形活塞面积上，与调压弹簧的力相平衡。一旦空气压力超过调定的压力值即将阀芯顶起，气压立即作用于阀芯的全面积上，使阀达到全开状态，压缩空气便从A口输出，当P口的压力低于调定压力时，阀再次关闭。

(2)流量控制阀

流量控制阀是通过改变阀的通流面积来实现流量控制的元件。流量控制阀包括节流阀、单向节流阀和排气节流阀等。

节流阀原理很简单。节流阀的工作原理为压缩空气由P口进入，经过节流后，由A口流出。旋转阀芯螺杆，就可以改变节流口的开度，进而调节压缩空气的流量。节流口的形式有多种，常用的有针阀型、三角沟槽型和圆柱削边型等。

单向节流阀是由单向阀和节流阀组合而成的流量控制阀，因常用作气缸的速度控制，故又称作速度控制阀。单向阀的功能是靠单向密封圈来实现的。当空气从气缸排气口排出时，单向密封圈处于封堵状态，单向阀关闭，这时只能通过调节手轮，使节流阀杆上下移动，改变气流开度，从而达到节流作用。反之，在进气时，单向密封圈被气流冲开，单向阀开启，压缩空气直接进入气缸进气口，节流阀不起作用。

排气节流阀安装在系统的排气口处，限制气流的流量，一般情况下还具有减小排气噪声的作用，所以我们常称之为排气消声节流阀。排气节流阀的工作原理图和节流阀类似，靠调节节流口1处的通流面积来调节排气流量，由消声套2来减小排气噪声。

(3)方向控制阀

方向控制阀(简称“换向阀”)通过改变气流通道而使气体流动方向发生变化，从而达到改变气动执行元件运动方向的目的。工业机器人中常用电磁控制换向阀。

由一个电磁铁的衔铁推动换向阀芯移位的阀称为单电控换向阀。单电控换向阀有单电控直动换向阀和单电控先导换向阀两种。当先导阀带电时，电磁力推动先导阀芯下移，控制压力 P_1 推动主阀芯右移，导通 P、A 口通道，封闭 T 口通道。类似于电液换向阀，电控先导换向阀适用于较大通径的场合。

两个磁铁的衔铁推动换向阀芯移位的阀称为双电控换向阀。双电控换向阀有双电控直动换向阀和双电控先导换向阀两种。这种换向阀具有记忆功能，即当左侧的电磁铁通电后，换向阀芯处在右端位置，在左侧电磁铁断电而右侧电磁铁没有通电前，阀芯仍然保持在右端位置。

第三节　交流伺服系统

伺服系统的发展经历了从液压、气动到电气的过程，而电气伺服系统包括伺服电动机、反馈装置和控制器 20 世纪 60 年代以前直流伺服系统为主体，70 年代以后交流伺服系统的性价比不断提高，逐渐取代直流伺服系统成为伺服系统的主流。采用交流伺服电动机作为执行元件的伺服系统称为交流伺服系统。在交流伺服系统中，电动机的类型有永磁同步交流伺服电动机和感应异步交流伺服电动机。采用永磁同步交流伺服电动机的伺服系统多用于机床进给传动控制、工业机器人关节传动控制以及其他需要运动和位置控制的场合。因为永磁同步交流伺服电动机具备十分优良的低速性能，可以实现弱磁高速控制，调速范围广，动态特性和效率都很高，所以已经成为伺服系统的主流。而异步伺服电动机虽然结构坚固、制造简单、价格低廉，但是在特性和效率上与永磁同步交流伺服电动机存在明显差距，只在大功率场合得到重视，多用于机床主轴转速和其他调速系统中。

一、交流伺服系统的分类

交流伺服系统具有很多分类方式，但大多数情况下按照系统是否闭环来分类，交流伺服系统分为开环伺服系统、半闭环伺服系统和全闭环伺服系统三种。

（一）开环伺服系统

开环伺服系统是一种没有位置或速度反馈的控制系统，它的伺服机构按照指令装置发来的移动指令，驱动机械做相应的运动。系统的输出位移与输入指令脉冲个数成正比，所以在控制整个系统时，只要精确地控制输入脉冲的个数，就可以准确地控制系统的输出，但是这种系统精度比较低，运行不是很平稳。

（二）半闭环伺服系统

半闭环伺服系统属于闭环系统，具有反馈环节，所以在原理上它具有闭环系统的一切特性和功能。它的检测元件与伺服电动机同轴相连，通过直接测出电动机轴旋转的角位移或角速度可推知执行机械的实际位移或速度。它对实际位置移动或运行速度采用的是间接测量的方法，所以半闭环伺服系统存在测量转换误差，而且环外的节距误差和间隙误差也没有得到补偿。但是半闭环伺服系统在它的闭环中非线性因素少，容易整定，并且半闭环结构的执行机械与电气自动控制部分相对独立，系统的通用性增强，因此这种结构是当前国内外伺服系统中最普遍采用的方案。

（三）全闭环伺服系统

全闭环伺服系统是一种真正的闭环伺服系统。全闭环伺服系统在结构上与半闭环伺服系统是一样的，只是它的检测元件直接安装在系统的最终运动部件上，系统反馈的信号是整个系统真正的最终输出。

二、交流伺服电动机的类型

（一）感应异步交流伺服电动机

感应异步交流伺服电动机的结构分为两大部分，即定子部分和转子部分。在定子铁心中安放着空间成 90 的两相定子绕组：其中一相为励磁绕组，始终通以交流电压；另一相为控制绕组，输入同频率的控制电压，改变控制电压的幅值或相位可实现调速。转子的结构通常为笼型。

（二）永磁同步交流伺服电动机

永磁同步交流伺服电动机主要由转子和定子两大部分组成。在转子上装有特殊形状的高性能永磁体，用以产生恒定磁场，无需励磁绕组和励磁电流。在电动机的定子铁芯上绕有三相电枢绕组，接在可控的变频电源上。为了使电动机产生稳定的转矩，电枢电流磁动势与磁极同步旋转，因此还必须装有转子上永磁体的磁极位置检测，随时检测出磁极的位置，并以此为依据使电枢电流实现正交控制。这就是说，同步伺服电动机实际上包括定子绕组、转子磁极及磁极位置传感器三大部分。为了检测电动机的实际运行速度，或者进行位置控制，通常在电动机轴的非负载端安装速度传感器和位置传感器，如测速发动机和光电码盘等。

根据永磁体励磁磁场在定子绕组中感应出的电动势波形不同，交流永磁同步电动机分为两种：一种输入电流为方波，相感应电动势波形为梯形波，该类电动机称为无刷直流电动机；另一种输入电流为正弦波，相感应电动势为正弦波，称为永磁同步电动机。

和永磁同步电动机相比，无刷直流电动机本体结构更加简单，采用集中绕组后具有更高的功率密度。但是因为其电流波形为方波，反电动势波形为梯形波，导致电磁转矩脉动很大，使其运行特性不如正弦波永磁同步电动机，所以要求高性能的伺服场合都采用正弦波永磁同步电动机。从转子结构角度区分，永磁同步电动机主要有表装式（面装式）、嵌入式和内埋式三种形式。

表装式和嵌入式结构可以减小转子直径，降低转动惯量，特别是若将永磁体直接粘贴在转轴上，还可以获得低电感，这有利于改善动态性能。而内埋式结构的永磁体埋装在转子铁芯内部，机械强度高，磁路气隙小，与前两种结构相比，更适合弱磁运行。对于表装式结构来说，由于永磁材料磁导率几乎与空气相等，其交轴和直轴磁路对称，交、直轴电感基本相等，因此表装式永磁同步电动机属于隐极式电动机；嵌入式结构和内埋式结构的直轴磁路磁通要通过两个永磁体，交轴磁路磁通仅仅通过气隙和定、转子铁心，不通过永磁体，所以其交轴电感大于直轴电感，属于凸极式电动机。

三、交流伺服电动机的工作原理

交流伺服电动机内部的转子是永磁铁，驱动器控制的 U、V、W 三相电形成电磁场，转子在此磁场的作用下转动，同时电动机自带的编码器反馈信号给驱动器，驱动器将反馈值与目标值进行比较，调整转子转动的角度。伺服电动机的精度取决于编码器的精度(线数)。交流伺服电动机有以下三种转速控制方式：

(1)幅值控制。控制电流与励磁电流的相位差保持90°不变，改变控制电压的大小。

(2)相位控制。控制电压与励磁电压的大小，保持额定值不变，改变控制电压的相位。

(3)幅值一相位控制。同时改变控制电压的幅值和相位，交流伺服电动机转轴的转向随控制电压相位的反相而改变。

以单相异步电动机为例，定子两相绕组在空间相距90°：一相为励磁绕组，运行时接至交流电源上；另一相为控制绕组，输入控制电压，控制电压与电源电压为同频率的交流电压，转子为笼型。交流伺服电动机具有调速范围广、线性度好、响应快和无“自转”现象等特点。在正常运行时，交流伺服电动机的励磁绕组和控制绕组都通电，通过改变控制电压来控制电动机的转速。当控制电压为零时，电动机应当停止旋转；而实际情况是，当转子电阻较小时，两相异步电动机运转起来后，若控制电压为零，电动机便成为单相异步电动机继续运行，并不停转。

第四节　直流伺服系统

随着电力电子技术、单片机和微型计算机的高速发展，外围电路元件专用集成电路的不断出现，使得直流伺服电动机控制技术有了显著进步。这些技术领域的高速发展可以帮助人们很容易地构成高精度、快响应的直流伺服系统。

一、直流伺服系统的分类

在直流伺服控制系统中，目前有两种反馈方式：开环与闭环。闭环系统中，将执行电动机的角位移信号反馈回系统输入端的称为半闭环系统。其优点是易调整，缺点是反馈信号不是系统的输出信号，控制精度不如全闭环高。全闭环方式是将系统的输出反馈回系统的输入端，其控制精度高，但考虑传动机构的间隙等因素，系统不易调整。直流伺服控制系统中，直流伺服电动机有直流有刷伺服电动机和直流无刷伺服电动机两种。

直流有刷伺服电动机的特点是：体积小、动作快、反应快、过载能力大、调速范围宽；低速力矩大，波动小，运行平稳；噪声低，效率高；后端编码器反馈（选配）构成直流伺服；变压范围大，频率可调。另外，直流有刷伺服电动机成本高、结构复杂，启动转矩大，需要维护，但维护方便（换电刷），会产生电磁干扰，对环境有要求，因此它可以用于对成本敏感的普通工业和民用场合。

直流无刷伺服电动机的特点是：转动惯量小，起动电压低，空载电流小，电子换向方式灵活，转速高达100000r/min；无刷伺服电动机在执行伺服控制时，无需编码器也可实现速度、位置、转矩等的控制；容易实现智能化，其电子换相方式灵活，可以方波换相或正弦波换相；不存在电刷磨损情况，寿命长、噪声低、无电磁干扰；等等。

直流伺服系统一般用于直流伺服电动机，可应用在火花机、机械手等设备上。可同时配置2500PPR（每转脉冲数）高分辨率的标准编码器及测速器，还能加配减速箱，给机械设备带来可靠的准确性及高扭力。它的调速性好，单位重量和体积下，输出功率最高，大于交流伺服电动机，更远远超过步进伺服电动机，多级结构的力矩波动小。

二、直流伺服电动机的类型

直流伺服电动机具有良好的启动、制动和调整速特性，可以在较宽的范围内方便地实现平滑无级调速，故其常用在对伺服电动机调速性能要求较高的设备中。直流伺服电动机根据磁场励磁的方式不同，可以分为他励式、永磁式、并励式、串励式、复励式五种；按结构来分，可以分为电枢式、无槽电枢式、印刷电枢式、空心杯电枢式等类型；按转速的高低来分，可分为高速直流伺服电动机和低速大转矩、宽调速电动机两种。

（一）高速直流伺服电动机

高速直流伺服电动机又可分为普通直流伺服电动机和高性能直流伺

服电动机。普通高速直流伺服电动机的应用历史最长，但是，这种电动机的转矩一惯量比很小，不能适应现代伺服控制技术发展的要求。

(二)低速大转矩、宽调速电动机

低速大转矩、宽调速电动机又称为直流力矩电动机，由于它的转子直径较大，线圈绕组多，所以力矩大，转矩惯量比高，热容量高，能长时间过载，不需要中间传动装置就可以直联丝杠工作，并且由于没有励磁回路的损耗，它的外形尺寸比其他直流伺服电动机小。另外，低速大转矩宽调速电动机还有一个重要的特点，即低速特性好，能够在较低的速度下平稳运行，最低速可以达到 1r/min，甚至达到 0.1r/min。

三、直流伺服电动机的工作原理

直流伺服电动机的结构与一般的电动机结构相似，由定子、转子和电刷等部分组成，在定子上有励磁绕组和补偿绕组，转子绕组通过电刷供电。由于转子磁场和定子磁场始终正交，因此产生转矩使转子转动。

永磁直流伺服电动机的转子绕组是通过电刷供电的，并在转子的尾部装有测速发电机和旋转变压器或光电编码器，它的定子磁极是永久磁铁。我国稀土永磁材料有很大的磁能积和极大的矫顽力，把永磁材料用在电动机中不但可以节约能源，还可以减小电动机发热，减小电动机体积。永磁式直流伺服电动机与普通直流电动机相比有过载能力高、转矩惯量比大、调速范围大等优点。因此永磁式直流伺服电动机曾广泛应用于数控机床进给伺服系统。由于近年来出现了性能更好的转子为永磁铁的交流伺服电动机，永磁直流电动机在数控机床上的应用越来越少。

第五章　工业机器人系统控制技术

工业机器人的控制系统类似于人类的大脑，是工业机器人的指挥中枢，其主要任务是控制工业机器人在工作空间中的运动位置、姿态、轨迹、操作顺序以及动作时间等事项。其中有些项目的控制是非常复杂的，这就决定了工业机器人的控制系统具有以下特性：

（1）工业机器人的控制与其机构运动学和系统动力学存在着密不可分的关系，因而要使工业机器人的臂、腕及末端执行器等部位在空间具有准确无误的位姿，就必须在不同的坐标系中描述它们，并且随着基准坐标系的不同能做适当的坐标变换，同时要经常求解运动学和动力学问题。

（2）描述工业机器人状态和运动的数学模型是一个非线性模型，会随着工业机器人的运动及环境的变化而改变。又因为工业机器人往往具有多个自由度，所以引起其运动变化的变量不止一个，而且各个变量之间通常都存在耦合问题。这就使得工业机器人的控制系统不仅是一个非线性系统，而且是一个多变量系统。

（3）对工业机器人臂、腕及末端执行器等部位的任一位姿都可以通过不同的方式和路径达到，因而工业机器人的控制系统还必须解决优化求解的问题。

第一节　工业机器人控制概述

一、工业机器人控制系统的基本原理

为使工业机器人能够按照要求完成特定的作业任务，其控制系统需完成以下四个过程：

第一，示教过程。通过工业机器人计算机系统可以接受的方式，告诉工业机器人去做什么，给工业机器人下达作业命令。

第二，计算与控制过程。负责工业机器人整个系统的管理、信息的获取与处理、控制策略的定制以及作业轨迹的规划，这是工业机器人控制系统的核心部分。

第三，伺服驱动过程。根据不同的控制算法，将工业机器人的控制策略转化为驱动信号，驱动伺服电机等部分，实现工业机器人的高速、高精度运动，去完成指定的作业。

第四，传感与检测过程。通过传感器的反馈，保证工业机器人正确地完成指定作业，同时也将各种姿态信息反馈到工业机器人控制系统中，以便实时监控机器人整个系统的运行情况。

要想工业机器人能够顺畅完成以上控制过程，对工业机器人的控制系统就会提出一些具体要求，即要求其具备一定的基本功能：

第一，记忆功能。工业机器人的控制系统应当能够存储作业顺序、运动路径、运动方式、运动速度和与生产工艺相关的信息。

第二，示教功能。工业机器人的控制系统应当能够离线编程、在线示教、间接示教。其中，在线示教应当包括示教盒和导引示教两种。

第三，与外围设备联系功能。工业机器人的控制系统应当具备输入和输出接口、通信接口、网络接口、同步接口。

第四，坐标设置功能。工业机器人的控制系统应当具有关节、绝对、工具、用户自定义四种坐标系。

第五，人机接口功能。工业机器人的控制系统应当具有示教盒、操作面板、显示屏。

第六，传感器接口功能。工业机器人的控制系统应当具有位置检测、视觉、触觉、力觉等功能。

第七，位置伺服功能。工业机器人的控制系统应当具有多轴联动、运动控制、速度和加速度控制、动态补偿等功能。

第八，故障诊断安全保护功能。工业机器人的控制系统应当具有运行时系统状态监视、故障状态下的安全保护和故障的自诊断功能。

二、工业机器人控制系统的基本组成

工业机器人控制系统的各部分的功能与作用介绍如下：

(1)控制计算机。它是工业机器人控制系统的调度指挥机构。一般为微型机、微处理器(有 32 位、64 位)等，如奔腾系列 CPU 以及其他类型 CPU。

(2)示教盒。它主要用来示教机器人的工作轨迹和参数设定，以及所有人机交互操作，拥有自己独立的 CPU 以及存储单元，与主计算机之间以串行通信方式实现信息交互。

(3)操作面板。它由各种操作按键、状态指示灯构成，只完成基本的功能操作。

(4)磁盘存储。它是用来存储机器人工作程序的外围存储器。

(5)数字和模拟量输入输出。它主要用于各种状态和控制命令的输入或输出。

(6)打印机接口。它主要用来记录需要输出的各种信息。

(7)传感器接口。它主要用于信息的自动检测，实现机器人的柔顺控制，一般为力觉、触觉和视觉传感器。

(8)轴控制器。它主要用来完成机器人各关节位置、速度和加速度控制。

(9)辅助设备控制。它主要用于和机器人配合的辅助设备控制，如手爪变位器等。

(10)通信接口。它主要用来实现机器人和其他设备的信息交换，一般有串行接口、并行接口等。

(11)网络接口。网络接口可分成两种：一为 Ethernet 接口，可通过以太网实现数台或单台机器人的直接 PC 通信，数据传输速率高达 10Mbit/s，可直接在 PC 上用 Windows 库函数进行应用程序编程之后，支持 TCP/IP 通信协议，通过 Ethernet 接口将数据及程序装入各个机器人控制器中；二为 Fieldbus 接口，它支持多种流行的现场总线规格，如 Devicenet、ABRemoteI/0、Interbus－s、profibus－DP、M－NET 等。

三、工业机器人控制系统的主要特点

工业机器人控制系统以机器人的单轴或多轴协调运动为控制目的，其控制结构要比一般自动机械的控制结构复杂得多。与一般伺服控制系统或过程控制系统相比，工业机器人的控制系统具有如下特点：

(1)传统的自动机械以自身的动作为控制重点，而工业机器人控制系统更看重机器人本身与操作对象的相互关系。例如，无论以多高的精度去控制机器人手臂，机器人手臂都首先要保证能够稳定夹持物体并顺畅操作该物体到达目的位置。

(2)工业机器人控制系统本质上是一个非线性系统。引发机器人非线性表现的因素很多，例如，机器人的结构、所用传动件、驱动件等都会引起系统的非线性。

(3)工业机器人通常是由多关节组成的一种结构体系，其控制系统因而也是一个多变量的控制系统，由于机器人各关节间具有耦合作用，具体表现为：某一个关节的运动会对其他关节产生动力效应，即每一个关节都会受到其他关节运动所产生扰动的影响。

(4)工业机器人控制系统是一个时变系统，其动力学参数会随着机器人关节运动位置的变化而变化。

第二节　工业机器人控制策略概述

一、工业机器人控制策略简介

1954 年，美国学者 G. C. Dovel 提出关于实现机器自动化的示教一再现的概念，为工业机器人的诞生奠定了基础。1961 年和 1962 年，美国 Unimation 公司和 AMF 公司将这个概念变成了现实，分别制作了世界上

第一代工业机器人。从本质上看,工业机器人是一个十分复杂的多输入、多输出、非线性系统,它具有时变、强耦合和非线性的动力学特征,因而给控制带来了困难。由于测量和建模往往不十分精确,再加上负载变化、外部扰动等不确定性因素的影响,人们难以建立工业机器人精确、完整的运动模型。现代工业的快速发展需要高品质的工业机器人为之服务,而高品质的机器人控制必须综合考虑各种不确定性因素的影响,因此针对工业机器人的非线性和不确定性等特点的控制策略成了工业机器人研究的重点和难点。

当前,针对工业机器人多变量、非线性、强耦合以及不确定性的控制特性,正在采用或正在大力研究的机器人控制策略主要有如下几种。

(一)变结构控制

20世纪60年代,苏联学者 Emelyanov 提出了变结构控制的构想。20世纪70年代以来,变结构控制的构想经过 Utkin、Itkis 及其他学者的传播和研究,历经40多年的发展与完善,已在国际范围内得到广泛重视,形成了一门相对独立的控制研究分支。

变结构控制方法对于系统参数的时变规律、非线性程度以及外界干扰等不需要精确的数学模型,只要知道它们的变化范围,就能对系统进行精确的轨迹跟踪控制。变结构控制方法设计过程本身就是一种解耦过程,因此在多输入、多输出系统中,多个控制器的设计可按各自的独立系统进行,其参数选择也不是十分严格。尤其是滑模变结构控制系统,无超调、快速性好、计算量小、实时性强。应当指出的是,变结构控制本身的不连续性,以及控制器频繁的切换动作有可能造成跟踪误差在零点附近产生抖动现象,而不能收敛于零,这种抖动轻则会引起机器人执行部件的机械磨损,重则会激励未建模的高频动态响应,特别是考虑到连杆柔性的时候,容易使控制失效。

(二)自适应控制

20世纪40年代末,学者们开始研究与讨论控制器参数的自动调节问题,人们用自适应控制来描述控制器对过程的静态和动态参数的调节能力。自适应控制的方法就是在运行过程中不断测量受控对象的特性，并根据测得的特征信息使控制系统按最新的特性实现闭环最优控制。从根本上看，自适应控制能认识环境的变化，并能自动改变控制器的参数和结构，自动调整控制作用，以保证系统达到满意的控制品质。自适应控制不是一般的系统状态反馈或系统输出反馈控制，而是一种比较复杂的反馈控制，实时性要求十分严格，实现起来比较复杂。特别是当系统存在非参数不确定性时，自适应控制难以保证系统的稳定性。即使对于线性定常的控制对象，其自适应控制也是非线性时变反馈控制的。

(三)鲁棒控制

鲁棒控制(Robust Control)的研究始于20世纪50年代。1981年，G. Zames发表的著名论文可以看成现代鲁棒控制特别是Hx控制的先驱。H控制理论是20世纪80年代开始兴起的一门新的现代控制理论，它是为了改变近代控制理论过于数学化的倾向以适应工程实际的需要而诞生的，其设计思想的真髓是对系统的频域特性进行整形(Loopshaping)，而这种通过调整系统频率域特性来获得预期特性的方法，正是工程技术人员所熟悉的技术手段，也是经典控制理论的根本。在该篇论文里，Zames首次用明确的数学语言描述了Ho优化控制理论，他提出用传递函数阵的Ho范数来记述优化指标。1984年，Fracis和Zames用古典的函数插值理论提出了Ho设计问题的最初解法，同时基于算子理论等现代数学工具，这种解法很快被推广到一般的多变量系统，而学者Glover则将Hx设计问题归纳为函数逼近问题，并用Hankel算子理论给出这个问题的解析解。1988年，Doyle等人在全美控制年会上发表了著名的DGKF论文，证明H≈设计问题的解可以通过适当的代数Riccati方程得到。DGKF的论文标志着H控制理论的成熟。迄今为止，H焚设计方法主要是DGKF等人的解法。不仅如此，这些设计理论的开发者还同美国TheMathWorks公司合作，开发了MATLAB中鲁棒控制软件工具箱(Robust Control Toolbox)，使Ho控制理论真正成为实用的工程设计理论。

(四)智能控制

1977 年，学者萨里迪斯首次提出了分层递阶的智能控制结构。整个控制结构由上往下分为组织级、协调级和执行级三个层级。其控制精度由下往上逐级递减，而智能程度则由下往上逐级增加。根据机器人的任务分解，在面向设备的基础级即执行级上可以采用常规的自动控制技术，如 PID 控制、前馈控制等。在协调级和组织级，因存在着不确定性，控制模型往往无法建立或建立的模型不够精确，无法取得良好的控制效果。因此，需要采用智能控制方法，如模糊控制、神经网络控制、专家控制或集成智能控制。

(五)模糊控制

模糊逻辑控制(Fuzzy Logic Control)简称模糊控制(Fuzzy Control)，它是一种以模糊集合论、模糊语言变量和模糊逻辑推理为基础的计算机数字控制技术。1965 年，美国控制论学者 L. A. Zadeh 创立了模糊集合论；1973 年，他给出了模糊逻辑控制的定义和相关定理。1974 年，学者 E. H. Mamdani 首次根据模糊控制语句组成模糊控制器，并将它用于锅炉和蒸汽机的控制，获得了成功。这一开拓性的工作标志着模糊控制论的诞生。

在传统控制领域里，控制系统动态模式的精确与否是影响控制效果优劣的关键要素，系统动态信息越详细，越能达到精确控制的目的。然而，对于一些复杂系统，由于变量太多，往往难以正确描述系统的动态特征，于是人们便利用各种方法来简化系统动态特征，以达到控制的目的，但往往结果却不甚理想。换言之，传统的控制理论对于明确系统有很好的控制能力，但对于复杂或难以精确描述的系统则显得无能为力。因此人们便尝试着用模糊数学来处理这些控制问题。模糊控制实质上是一种非线性控制，从属于智能控制的范畴。模糊控制的一大特点是既有系统化的理论，又有大量的实际应用背景。模糊控制的发展最初在西方遇到了较大的阻力；然而在东方尤其在日本得到了迅速而广泛的推广应用。近 20 年来，模糊控制不论在理论上还是技术上都有了长足的进步，成为自动控制领域一个非常活跃而又硕果累累的分支，其典型应用涉及生产和生活的许多方面，例如在家用电器设备领域中有模糊洗衣机、空调、微波炉、吸尘器、照相机和摄录机等；在工业控制领域中有水净化处理、发酵过程、化学反应釜、水泥窑炉等；在专用系统和其他方面有地铁靠站停车、汽车驾驶、电梯和自动扶梯、蒸汽引擎以及机器人的模糊控制等等。

例如，为了实现对直线电机运动的高精度控制，系统采用全闭环的控制策略，但在系统的速度环控制中，因为负载直接作用于电机而产生了扰动，如果仅采用 PID 控制，则很难满足系统的快速响应需求。由于模糊控制技术具有适用范围广、对时变负载具有一定的鲁棒性的特点，而直线电机伺服控制系统又是一种要求具有快速响应性并能够在极短时间内实现动态调节的系统，所以可在速度环设计 PID 模糊控制器，利用模糊控制器对电机的速度进行控制，并同电流环和位置环的经典控制策略一起来实现对直线电机的精确控制。一般说来，模糊控制器主要包括四部分：

①模糊化。其主要作用是选定模糊控制器的输入量，并将其转换为系统可识别的模糊量，具体又包含以下三步：第一，对输入量进行满足模糊控制需求的处理；第二，对输入量进行尺度变换；第三，确定各输入量的模糊语言取值和相应的隶属度函数。

②规则库。根据人类专家的经验建立模糊规则库。模糊规则库包含众多的控制规则，这是从实际控制经验过渡到模糊控制器的关键步骤。

③模糊推理。其主要作用是实现基于知识的推理决策。

④解模糊。其主要作用是将推理得到的控制量转化为控制输出。

实际上，“模糊”是人类感知万物，获取知识，进行思维推理，决策实施的重要特征。模糊比“清晰”拥有的信息量更大，内涵更丰富，更符合客观世界。

(六)神经网络控制

神经网络控制是指在控制系统中，应用神经网络技术，对难以精确建模的复杂非线性对象进行神经网络模型辨识，或作为控制器，或进行优化计算，或进行推理处置，或进行故障诊断，或同时兼有上述多种功能。

神经网络是由许多具有并行运算功能的、简单的信息处理单元(人工神经元)相互连接组成的网络,它是在现代神经生物学和认识科学对人类信息处理研究的基础上提出来的,具有很强的自适应性和学习能力、非线性映射能力、鲁棒性和容错能力。充分地将这些神经网络特性应用于控制领域,可使控制系统的智能化水平显著提高。

神经网络控制模型建立后,在输入状态信息不完备的情况下,也能快速做出反应,进行模型辨识,这对于工业机器人的智能控制是十分理想的。由于神经网络系统具有快速并行处理运算能力、很强的容错性和自适应学习能力的特点,因此神经网络控制主要用于处理传统技术不能解决的复杂的非线性、不确定、不确知系统的控制问题。

随着被控系统越来越复杂,人们对控制系统的要求越来越高,特别是要求控制系统能适应不确定性、时变的对象与环境。传统的基于精确模型的控制方法难以适应这种要求,同时现在关于控制的概念也已更加宽泛,它要求包括一些决策、规划以及学习功能也能得到很好的控制。神经网络控制由于具有上述优点而越来越受到人们的重视。常见的神经网络控制结构有:

①参数估计自适应控制系统;

②内模控制系统;

③预测控制系统;

④模型参考自适应控制系统;

⑤变结构控制系统。

需要指出的是,神经网络控制存在自学习的问题,当环境发生变化时,原来的映射关系不再适用,需要重新训练网络。神经网络控制目前还没有一个比较系统的方法来确定网络的层数和每层的节点数,仍然需要依靠经验和试凑方式来解决。

二、工业机器人控制方式简介

根据分类方法的不同,工业机器人的控制方式也有所不同。从总体上看，工业机器人的控制方式可以分为动作控制方式和示教控制方式。但若按被控对象来分，则工业机器人的控制方式通常分为位置控制、速度控制、力(力矩)控制、力和位置混合控制等。

三、工业机器人的位置控制

工业机器人的位置控制可分为点位(Point To Point，PTP)控制和连续轨迹(Continuous Path，CP)控制两种方式，其目的是使机器人各关节实现预先规划的运动，保证工业机器人的末端执行器能够沿预定的轨迹可靠运动。

PTP控制要求工业机器人末端执行器以一定的姿态尽快而无超限地实现相邻点之间的运动，但对相邻点之间的运动轨迹不做具体要求，其主要技术指标是定位精度和运动速度。那些从事在印刷电路板上安插元件、点焊、搬运及上/下料等作业的工业机器人，采用的都是PTP控制方式。

CP控制要求工业机器人末端执行器沿预定的轨迹运动，即可在运动轨迹上任意特定数量的点处停留。这种控制方式将机器人运动轨迹分解成插补点序列，然后在这些点之间依次进行位置控制，点与点之间的轨迹通常采用直线、圆弧或其他曲线进行插补。由于要在各个插补点上进行连续的位置控制，所以可能会在运动过程中发生抖动。实际上，由于机器人控制器的控制周期为几毫秒到30ms之间，时间很短，可以近似认为运动轨迹是平滑连续的。在工业机器人的实际控制中，通常是利用插补点之间的增量和雅各比逆矩阵求出各关节的分增量，各电动机再按照分增量进行位置控制。

四、工业机器人的速度控制

工业机器人在进行位置控制的同时，有时候还需要进行速度控制，使机器人按照给定的指令，控制运动部件的速度，实现加速、减速等一系列转换，以满足运动平稳，定位准确等要求。这就如同人的抓举过程，要经历宽拉、高抓、支撑蹲、抓举等一系列动作一样，不可一蹴而就，从而以最精简省力的方式，将目标物平稳、快速地托举至指定位置。为了实现这一要求，机器人的行程要遵循一定的速度变化曲线。

五、工业机器人的力(力矩)控制

对于从事喷漆、点焊、搬运等作业的工业机器人，一般只要求其末端执行器(喷枪、焊枪、手爪等)沿某一预定轨迹运动，运动过程中机器人的末端执行器始终不与外界任何物体相接触，这时只需对机器人进行位置控制即可完成预定作业任务。而对那些应用于装配、加工、抛光、抓取物体等作业的机器人来说，工作过程中要求其手爪与作业对象接触，并保持一定的压力，因此对于这类机器人，除了要求准确定位之外，还要求控制机器人手部的作用力或力矩，这时就必须采取力或力矩控制方式。力(力矩)控制是对位置控制的补充，控制原理与位置伺服控制的原理基本相同，只不过输入量和反馈量不是位置信号，而是力(力矩)信号，因此，机器人系统中必须装有力传感器。

在工业机器人领域，比较常用的机器人力(力矩)控制方法有阻抗控制、位置/力混合控制、柔顺控制和刚性控制四种。力(力矩)控制的最佳方案是以独立的形式同时控制力和位置，通常采用力/位混合控制。工业机器人要想实现可靠的力(力矩)控制，需要有力传感器的介入，大多情况下使用六维(三个力、三个力矩)力传感器，由此就有如下三种力控制系统组成方案。

(一)以位移控制为基础的力控制系统

以位移控制为基础的力控制方式，是在位置闭环之外再加上一个力的闭环。在这种控制方式中，力传感器检测输出力，并与设定的力目标值进行比较，力值的误差经过力/位移变化环节转换成目标位移，参与位移控制。

需要指出的是，以位移为基础的力控制很难使力和位移都得到令人满意的结果。在采用这种控制方式时，要设计好工业机器人手部的刚度，如刚度过大，微小的位移都可能导致很大的力变化，严重时会造成机器人手部的破坏。

(二)以广义力控制为基础的力控制系统

以广义力控制为基础的力控制方式是在力闭环的基础上再加上位置闭环。通过传感器检测机器人手部的位移，经过位移/力变换环节转换为输入力，再与力的设定值合成之后作为力控制的给定量。该控制方式的特点在于可以避免小的位移变化引起过大的力变化，对机器人手部具有保护作用。

(三)以位控为基础的力/位混合控制系统

工业机器人在从事装配、抛光、轮廓跟踪等作业时，要求其末端执行器与工件之间建立并保持接触。为了成功进行这些作业，必须使机器人具备同时控制其末端执行器和接触力的能力。目前正在使用的大多数工业机器人基本上都是一种刚性的位置伺服机构，具有很高的位置跟踪精度，但它们一般都不具备力控制能力，缺乏对外部作用力的柔顺性，这一点极大限制了工业机器人的应用范围。因此，研究适用于位控机器人的力控制方法具有很高的实用价值。以位控为基础的力/位混合控制系统的基本思想是当工业机器人的末端执行器与工件发生接触时，其末端执行器的坐标空间可以分解成对应于位控方向和力控方向的两个正交子空间，通过在相应的子空间分别进行位置控制和接触力控制以达到柔顺运动的目的。这是一种直观而概念清晰的方法。但由于控制的成功与否取决于对任务的精确分解和基于该分解的控制器结构的正确切换，因此力/位置混合控制方法必须对环境约束作精确建模，而对未知约束环境则无能为力。力/位混合控制系统由两大部分组成，分别为位置控制部分和力控制部分。

六、工业机器人的示教一再现控制方式

示教一再现控制是工业机器人的一种主流控制方式。为了让工业机器人完成某种作业，首先由操作者对机器人进行示教，即教机器人如何去

做。在示教过程中，机器人将作业时的运动顺序、位置、速度等信息存储起来。在执行生产任务时，机器人可以根据这些存储的信息再现示教的动作。示教分直接示教和间接示教两种，具体介绍如下。

(一)直接示教

该示教方式是操作者使用安装在工业机器人手臂末端的操作杆(Joystick)，按给定运动顺序示教动作内容，机器人自动把作业时的运动顺序、位置和时间等数值记录在存储器中，生产时再依次读出存储的信息，重复示教的动作过程。采用这种方法通常只能对位置和作业指令进行示教，而运动速度需要通过其他方法来确定。

(二)间接示教

该示教方式是采用示教盒进行示教。操作者通过示教盒上的按键操纵完成空间作业轨迹点及有关速度等信息的示教，然后通过操作盘用机器人语言进行用户工作程序的编辑，并存储在示教数据区。再现时，控制系统自动逐条取出示教命令与位置数据，进行解读、运算并作出判断，将各种控制信号送到相应的驱动系统或端口，使机器人忠实地再现示教动作。

采用示教－再现控制方式时不需要进行矩阵的逆变换，也不存在绝对位置控制精度的问题.该方式是一种适用性很强的控制方式，但是需由操作者进行手工示教，要花费大量的精力和时间。特别是在因产品变更导致生产线变化时，要进行的示教工作十分繁重。现在人们通常采用离线示教法(Off－lineTeaching)，即脱离实际作业环境生成示教数据，间接地对机器人进行示教，而不用面对实际作业的机器人直接进行示教了。

第三节　工业机器人控制系统的体系架构

工业机器人控制系统的架构形式将直接决定系统控制功能的最后实现样式。目前，工业机器人的控制系统可归纳为集中式控制系统和分布式控制系统这两种架构形式。

一、集中式控制系统

集中式控制系统是利用一台微型计算机实现机器人系统的全部控制功能，在早期的工业机器人中常采用这种控制系统架构。在基于 PC 的集中式控制系统里，充分利用了 PC 资源开放性的特点，可以实现很好的开放性：多种控制卡、传感器设备等都可以通过标准 PCI 插槽或通过标准串口、并口集成到控制系统中，使用起来十分方便。

集中式控制系统的优点：一是硬件成本较低；二是便于信息的采集和分析，易于实现系统的最优控制；三是整体性与协调性较好，且基于 PC 的系统硬件扩展较为方便。但其缺点也显而易见，比如系统控制缺乏灵活性，容易导致控制危险集中且放大，一旦出现故障，影响面广，后果严重；由于工业机器人的实时性要求很高，当系统进行大量数据计算时，会降低系统的实时性，系统对多任务的响应能力也会与系统的实时性相冲突；此外，系统连线比较复杂，也容易降低控制系统的可靠性。

二、分布式控制系统

分布式控制系统的主要宗旨是分散控制，集中管理，即系统对其总体目标和任务可以进行综合协调和分配，并通过子系统的协调工作来完成控制任务。整个系统在功能、逻辑和物理等方面都是分散的，所以 DCS 又称为集散控制系统或分散控制系统。DCS 的优点在于：集中监控和管理，管理和现场分离，管理更加综合化和系统化。由于分散控制，可使控制系统各功能模块的设计、装配、调试、维护等工作相互独立，系统控制的危险性分散了，可靠性提高了，投资也减小了；采用网络通信技术，可根据需要增加以微处理器为核心的功能模块，使 DCS 具有良好的开放性、扩展性、升级性。在 DCS 的架构中，子系统是由控制器和不同被控对象或设备构成的，各个子系统之间通过网络相互通信。所以 DCS 为工业机器人提供了一个开放、实时、精确的控制系统。

DCS 通常采用两级控制方式，由上位机、下位机和网络组成。上位机可以进行不同的轨迹规划和运行不同的控制算法，下位机进行插补细分、控制优化等的实现。上位机和下位机通过通信总线相互协调工作，这里的通信总线可以是 RS－232、RS－485、EEE－488 以及 USB 总线等形式。

以太网和现场总线技术的发展为工业机器人提供了快速、稳定、有效的通信服务。尤其是现场总线，它应用于生产现场，在计算机测量控制设备之间实现双向多节点数字通信，从而形成了新型的网络集成式全分布控制系统——现场总线控制系统 FCS(Filedbus Control System)。在工厂生产网络中，将可以通过现场总线连接的设备统称为“现场设备/仪表”。从系统论的角度来说，工业机器人作为工厂的生产设备之一，也可以归纳为现场设备。在机器人系统中引入现场总线技术后，更有利于机器人在工业生产环境中的集成。

对于那些运动轴数量不多的工业机器人而言，CCS 对各轴之间的耦合关系能够处理得很好，可以十分方便地进行补偿，容易获得好的控制效果。但是，当机器人运动轴的数量增加到使控制算法变得非常复杂时，其控制性能会迅速恶化。而且，当机器人系统中轴的数量增多或控制算法变得十分复杂时，可能会导致机器人系统的重新设计。与之相比，在 DCS 中，机器人的每一个运动轴都由一个控制器处理，这意味着系统有较少的轴间耦合和较高的系统重构性，容易获得更好的控制效果。

第四节　工业机器人控制系统硬件设计

一、工业机器人控制系统硬件架构

(一)工业机器人控制系统硬件子系统的组成

工业机器人控制系统的硬件子系统主要由以下几个部分组成：

1. 传感装置

这类装置主要用以检测工业机器人各关节的位置、速度和加速度等，即用于感知工业机器人本身的状态，可称为内部传感器；而外部传感器就是所谓的视觉、力觉、触觉、听觉等传感器，它们可使工业机器人感知工作环境和工作对象的状态。

2. 控制装置

这类装置主要用以处理各种感觉信息，执行控制软件，产生控制指令。一般由一台微型或小型计算机及相应的接口组成。

3. 关节伺服驱动部分

这部分主要是根据控制装置的指令，按作业任务的要求驱动工业机器人各关节运动。

(二)工业机器人控制系统硬件结构的类型

按控制方式的不同，工业机器人控制系统的硬件结构通常分为以下四类。

1. 集中控制方式

在这种控制方式中，用一台功能较强的计算机实现工业机器人全部的控制功能。集中控制方式结构简单，成本低廉，但实时性差，扩展性弱。在早期的工业机器人中，如 Hero－I，Robot－I 等，就采用这种控制结构，因其控制过程中需要进行许多计算(如坐标变换)，所以这种控制结构的工作速度较慢。

2. 主从控制方式

在这种控制方式中，采用主、从两级处理器实现工业机器人的全部控制功能。其中，主 CPU 负责实现管理、机器人语言编译和人机接口功能，同时也利用它的运算能力完成坐标变换、轨迹插补和系统自诊断等任务，并定时地将运算结果作为关节运动的增量送到控制系统的公用内存，供二级 CPU 读取；从 CPU 则实现机器人所有关节的位置数字控制。这种控制方式的实时性较好，适于高精度、高速度控制，但其系统扩展性较差，维修比较困难。

在主从控制系统的两个 CPU 总线之间基本没有联系，仅通过公用内存交换数据，是一个松耦合的关系。对采用更多的 CPU 进一步分散功能是很困难的。日本在20世纪70年代生产的Motoman机器人(具有5个关节,采用直流电机驱动),其所用计算机控制系统就属于这种主从式控制结构。

3.分布控制方式

目前,工业机器人普遍采用这种上、下位机二级分布控制结构,在这种控制方式中,上位机负责整个系统管理以及运动学计算、轨迹规划等。下位机由多个CPU组成,每个CPU控制一个关节的运动,这些CPU与主控计算机是通过总线形式的紧耦合联系的。

在这种控制方式中,按工业机器人的工作性质和运动方式将控制系统分成几个模块,每一个模块各有不同的控制任务和控制策略,各模块之间可以是主从关系,也可以是平等关系。分布控制方式实时性好,易于实现高速度、高精度控制,且易于扩展,可实现智能控制,是目前世界上大多数商品化工业机器人所采用的流行控制方式。需要指出,分布控制结构的控制器工作速度和控制性能明显提高,但这些多CPU系统共有的特征都是针对具体问题而采用的功能分布式结构,即每个处理器承担固定任务,难免造成一定的功能冗余和资源浪费。

以上几种类型的控制器,它们存在一个共同的弱点,即计算负担重、实时性较差。所以大多采用离线规划和前馈补偿解耦等方法来减轻实时控制中的计算负担。当机器人在运行中受到干扰时其性能将受到较大影响,难以保证高速运动中所要求的精度指标。

由于机器人控制算法的复杂性以及机器人控制性能有待提高,许多学者从建模、算法等多方面进行了减少计算量的努力,但仍难以在串行结构的控制器上满足实时计算的要求。因此,必须从控制器本身寻求解决办法。方法之一是选用高档次微机或小型机;另一种方法就是采用多处理器作并行计算,提高控制器的计算能力。

4.并行处理结构

并行处理技术是提高计算速度的一个重要而有效的手段,它能满足工业机器人控制的实时性要求。关于机器人控制器的并行处理技术,人们研究较多的是机器人运动学和动力学的并行算法及其实现途径。1982年，J. Y. S. Luh 首次提出机器人动力学并行处理问题，这是因为关节型机器人的动力学方程是一组非线性强耦合的二阶微分方程，计算过程十分复杂。提高机器人动力学算法的计算速度也为实现复杂的控制算法（如计算力矩法、非线性前馈法、自适应控制法等）奠定了基础。开发并行算法的途径之一就是改造串行算法，使之并行化，然后将算法映射到并行结构去使用。

在实际处置中，一般采用两种方式：一是考虑给定的并行处理器结构，根据处理器结构所支持的计算模型，开发算法的并行性；二是首先开发算法的并行性，然后设计支持该算法的并行处理器结构，以达到最佳的并行处置效果。

目前，工业机器人运动控制器常采用 MCU＋DSP＋FPGA 的架构模式，其中，作为 MCU 核心的 STM32 单片机负责接收示教器发送的轨迹起始点、结束点、速度函数以及空间轨迹等信息，而系统的轨迹规划算法和软件功能则由 DSP 和 FPGA 协同工作予以实现。DSP 与 FPGA 采用外部存储器总线（EMIFA）联系，在 FPGA 上实现控制伺服驱动器的逻辑接口功能，从而控制机器人各个关节的运动方式。

二、工业机器人驱动器

（一）工业机器人对电动伺服驱动系统的要求

工业机器人的电动伺服驱动系统利用机器人的各个电动机（以下简称电机）产生所需的力矩和力，直接或间接驱动机器人本体以获得机器人的各种运动。

对用于工业机器人关节驱动的电机来说，通常会要求其具有最大功率质量比和扭矩惯量比、高启动转矩、低惯量和较宽广且平滑的调速范围。机器人末端执行器（手爪）尤应采用体积和质量尽可能小的电机；当机器人系统要求快速响应时，伺服电机必须具有较高的可靠性和稳定性，并具有较大的短时过载能力。这是伺服电机在工业机器人中得到妥善应用的先决条件。

工业机器人对关节驱动电机的主要要求可归纳如下。

(1)响应速度要快。电机从获得指令信号到完成指令所要求的工作状态的时间应当短一些。响应指令信号的时间越短,电机伺服系统的灵敏性就越高,快速响应性能也就越好,一般是以伺服电机的机电时间常数的大小来说明伺服电机快速响应的性能。

(2)启动转矩惯量比要大。在驱动负载的情况下,要求机器人伺服电机的启动转矩大,转动惯量小。

(3)控制特性的连续性和直线性要好。随着控制信号的变化,电机的转速要能连续变化,且转速与控制信号要成正比或近似成正比。

(4)调速范围要宽。机器人伺服电机的调速范围要大一些,能适应不同的工作需求。

(5)体积和质量要小、轴向尺寸要短。机器人伺服电机的体积与质量应当尽量小一些,可改善机器人的结构与动力特性,其轴向尺寸也要短一点,有利于减小安装空间。

(6)要能经受得起苛刻的运行条件。要求机器人伺服电机可进行十分频繁的正反向和加减速运行,并能在短时间内承受较大的过载。

目前,高启动转矩、大转矩、低惯量的交、直流伺服电机在工业机器人中得到了广泛应用,一般负载 100kgf 以下的工业机器人大多采用电伺服驱动系统。所采用的关节驱动电机主要是交流(AC)伺服电机、步进电机和直流(DC)伺服电机。其中,交流伺服电机主要包括同步型交流伺服电机等;直流伺服电机主要包括小惯量永磁直流伺服电机、印制绕组直流伺服电机、大惯量永磁直流伺服电机、空心杯电枢直流伺服电机等;步进电机主要包括永磁感应步进电机等。交流伺服电机、直流伺服电机、直接驱动电机(DD)均采用位置闭环控制,通常用于高精度、高速度的机器人驱动系统中。步进电机驱动系统多用于对精度、速度要求不高的小型、简易工业机器人开环系统中。交流伺服电机由于采用电子换向,无换向火花产生,在易燃易爆环境中得到了广泛的使用。工业机器人关节驱动电机的功率范围一般为 0.1～10kW。

在工业机器人的电动伺服驱动系统中，速度传感器多采用测速发电机和旋转变压器；位置传感器多采用光电码盘和旋转变压器。近年来，国外主要机器人制造厂家已经在使用一种集光电码盘及旋转变压器功能为一体的混合式光电位置传感器，伺服电机可与位置及速度检测器、制动器和减速机构组成伺服电机驱动单元。

在工业机器人应用领域，通常要求机器人的驱动系统具有传动系统间隙小、刚度大、输出扭矩高以及减速比大等特性。

减速器在机械传动领域是连接动力源和执行机构的一种中间装置，它通过输入轴上的小齿轮与输出轴上的大齿轮进行啮合传动，把电动机或内燃机输出的高转速进行减速，并传递更大的转矩。目前已成熟定型并标准化生产的减速器主要有圆柱齿轮减速器、蜗轮蜗杆减速器、行星减速器、行星齿轮减速器、RV 减速器、摆线针轮减速器和谐波减速器等。20 世纪 80 年代以来，在航空航天、机器人和医疗器械等新兴产业因快速发展而产生的强劲需求牵引下，传递功率大、运转噪声低、结构紧凑、传动平稳的高性能精密减速器得到普遍应用，其应用领域不断拓展，而 RV 减速器和谐波减速器是精密减速器中的佼佼者。

(1)RV 减速器。Rot－Vector 减速器(简称 RV 减速器，其内部结构和外观是在摆线针轮传动基础上发展起来的，它具有二级减速和中心圆盘支承结构。自 1986 年投入市场以来，因其传动比大、传动效率高、运动精度好、回差小、振动低、刚性大和可靠性突出等优点成为高品质机器人的“御用”减速器。

(2)谐波减速器。谐波减速器由谐波发生器、柔轮和刚轮三部分组成，其工作原理为：谐波发生器使柔轮产生可控的弹性变形，然后通过柔轮与刚轮的啮合进行减速并传递动力；按照结构形式的不同，谐波发生器可分为凸轮式、滚轮式和偏心盘式三种。谐波减速器的优点在于：外形轮廓小、零件数目少、传动比大(单机传动比可达到 50～4000)、传动效率高(可达 92％～96％)。

(3)行星减速器。行星减速器是一种由三个行星轮围绕一个太阳轮旋转而组成的传递转速和转矩的减速装置，它具有结构紧凑、运转平稳、体积小、重量轻、噪声低、承载能力高，使用寿命长等优点，可实现功率分流、多齿啮合，其性价比较高，广泛应用于各种工业场合。

众所周知，工业机器人的动力源一般为交流伺服电机，因为采用脉冲信号驱动，所以交流伺服电机本身就可以实现调速，那么为什么工业机器人还需要加装减速器呢？这是因为工业机器人通常需要执行重复的动作，以完成相同的工序；为保证工业机器人在生产中能够可靠地完成工序任务，并确保工艺质量，对工业机器人的定位精度和重复定位精度要求很高。因此，提高和确保工业机器人的精度就需要采用RV减速器或谐波减速器。精密减速器在工业机器人中的另一作用是传递更大的扭矩。当工作负载较大时，一味提高伺服电机的功率是极不划算的，可以在适宜的速度范围内通过减速器来降低转速而提高输出扭矩。此外，伺服电机在低频运转下容易发热和出现低频振动，对于长时间和周期性工作的工业机器人这都不利于确保其精确、可靠地运行。

精密减速器的使用可使伺服电机在一个合适的速度范围内运转，并将转速精确地降到工业机器人各部位需要的量值，在提高机器人本体刚性的同时能够输出更大的力矩。与通用机械装置配备的普通减速器相比，机器人关节处装备的减速器要求具有传动链短、体积小、功率大、质量轻和易于控制等特点，而具有这些特点的减速器主要就是RV减速器和谐波减速器。与谐波减速器相比，RV减速器具有更高的刚度和回转精度，因此在各类关节型机器人中，一般将RV减速器放置在机座、大臂、肩部等重负载的位置；而将谐波减速器放置在小臂、腕部或手部；行星减速器一般用在直角坐标机器人上。

(二)工业机器人电机伺服控制系统的一般结构

工业机器人的电机伺服控制系统一般采用开环、半闭环和闭环控制方式，但闭环控制方式最为常用。在工业机器人应用领域，机器人的电机位置伺服控制系统一般采用三个闭环的控制结构，即电流环、速度环和位置环的闭环控制。

(三)工业机器人电机伺服驱动系统的特点

1. 直流伺服电机驱动器

直流伺服电机驱动器多采用H型主电路和脉宽调制(PWM)伺服驱动器，通过改变脉冲宽度来改变加在电机电枢两端的平均电压，从而改变电机的转速。PWM伺服驱动器具有调速范围宽、低速特性好、过载能力强、响应快、效率高等特点，在工业机器人中常作为直流伺服电机的驱动器。

2. 交流伺服电机驱动器

同直流伺服电机驱动系统相比，交流伺服电机驱动器具有转矩转动惯量比高、无电刷及不产生换向火花等优点，在工业机器人中得到广泛应用。

同步式交流伺服电机驱动器通常采用电流型脉宽调制(PWM)逆变器和具有电流环为内环、速度环为外环的多闭环控制系统，以实现对三相永磁同步伺服电机的电流控制。根据其工作原理、驱动电流波形和控制方式的不同，它又可分为两种伺服系统：

①矩形波电流驱动的永磁交流伺服系统。

②正弦波电流驱动的永磁交流伺服系统。

采用矩形波电流驱动的永磁交流伺服电机称为无刷交流伺服电机。

3. 步进电机驱动器

步进电机是将电脉冲信号变换为相应的角位移或直线位移的元件，它的角位移和线位移量与脉冲数成正比，它的转速或线速度与脉冲频率成正比。在负载能力范围内，这些关系不因电源电压、负载大小、环境条件的波动而变化，误差不长期积累，步进电机驱动系统可以在较宽的范围内通过改变脉冲频率来调速，实现快速启动、正反转制动。作为一种开环数字控制系统，在小型机器人中得到了较为广泛的应用。但由于其存在过载能力差、调速范围相对较小、低速运动有脉动、不平衡等缺点，一般只应用于小型或简易型机器人中。

步进电机所用的驱动器主要包括脉冲发生器、环形分配器和功率放大等几大部分。

4. 直接驱动

所谓直接驱动就是电机与其所驱动的负载直接结合，中间不存在任何减速机构。同传统的电机伺服驱动相比，直接驱动减少了减速机构，从而减少了系统传动过程中减速机构所产生的间隙和松动，极大地提高了机器人的运行精度，同时也减少了由于减速机构的摩擦及传送转矩脉动所造成的机器人控制精度降低。而直接驱动由于具有上述优点，所以机械刚性好，可以高速、高精度动作，且因部件少、结构简单、容易维修、可靠性高等特点，在高速、高精度工业机器人应用中越来越引起人们的重视。

作为直接驱动技术的关键环节是相关的电机及其驱动器，它们应当具有以下特性：

①输出转矩大。直接驱动中的伺服电机其输出转矩为传统驱动方式的 50～100 倍；

②转矩脉动小。直接驱动中的伺服电机其转矩脉动可抑制在输出转矩的 5%～10%。

需要指出的是，与采用合理阻抗匹配的电机（传统驱动方式下）相比，直接驱动中的伺服电机是在功率转换较差的使用条件下工作的。因此，负载越大，越倾向于选用较大的电机。

目前，直接驱动中的伺服电机主要分为变磁阻型和变磁阻混合型，有以下两种结构型式：

①双定子结构的变磁阻型直接驱动伺服电机；

②中央定子型结构的变磁阻混合型直接驱动伺服电机。

（四）压电驱动器

1. 压电驱动器及其分类

压电驱动器是一种利用逆压电效应，将电能转变为机械能或机械运动的电机。聚合物型压电驱动器主要以聚合物双晶片为基础，包括利用横向效应和纵向效应两种方式。压电驱动器具有结构简单、低速、大力矩的优点，一般用于特殊用途的微型机器人系统中。这种电机可分为超声式、蠕动式和惯性式等 3 种类型。其中，超声波电机是在利用逆压电效应的基础上，以超声频域的机械振动为驱动力，在电能的控制下通过机械变换产生运动。蠕动式电机与惯性式电机主要用于直线运动。按驱动方式不同，压电驱动器可分为刚性位移驱动器和谐振位移驱动器两种。

(1)刚性位移驱动器

刚性位移驱动器的驱动模式主要有多层式驱动器和单(双)晶片驱动器，此外还有 Rainbow 驱动器、Moonie 驱动器和 Cymbals 驱动器等几种，它们在大小、质量、位移量及负载能力上均各有特点。

(2)谐振位移驱动器

谐振位移驱动器(亦称超声波电机)种类繁多，包括从毫米级的微型电机到厘米级的小型电机；从单自由度的直线电机到多自由度的平面电机和球型电机；从基于摩擦的超声波电机到利用声悬浮的非接触式超声波电机；从高速的蠕动式电机到无磨损的压电电流复合型步进电机。按照工作原理，可将超声波电机分为接触式和非接触式两种。

2. 压电驱动器的特点及其应用

压电驱动器的特点包括：不需传动机构，位移控制精度高，可达 0.01μm；响应速度快，约为 10μs，无机械吻合间隙，可实现电压随动式位移控制；输出力较大，约为 3.9kN/cm；功耗低，比电磁马达式的微位移器低 1 个数量级，当物体保持一定位置(高度)时，器件几乎无功耗；它是一种固体器件，易与电源、测位传感器、微机等实现闭环控制。而且比磁控合金和温控形状记忆合金等其他位移器件的体积要小得多。

压电驱动器的应用范围如下。

(1)超精密测量

近年来，随着科学技术的迅猛发展，一些行业对测试仪器的精度提出了更高的要求，甚至出现了数量级的变化。例如，从精密测量(0.5～0.05μm)，发展到超精密测量(0.05～0.005μm)，最近又提出纳米精度测量(5～0.05mm)的要求。在一定范围内，锆钛酸铅压电陶瓷(Piezoelectric Ceramic Transducer,PCT)的伸长量和施加的电压近似呈线性关系,故此利用其精度高的特点,可在超精密测量中加以应用。

1982年,IBM苏黎世研究所成功研制出世界上第一台新型表面分析仪器——扫描隧道显微镜(Scanning Tunneling Microscope,STM),其扫描头便是由三个相互垂直的压电陶瓷组成,可用于三维扫描。STM具有极高的空间分辨能力(平行方向的分辨率为0.04nm,垂直方向的分辨率为0.01nm)。

(2)超精密定位

在定位技术中,可利用传统的定位装置(如滚动或滑动导轨、精密螺旋楔块机构、蜗轮－凹轮机构、齿轮－杠杆式机构等机械传动式微位移驱动器)构成定位机构。由于存在着较大的间隙和摩擦,所以无法实现超精密定位。而采用压电驱动器结合柔性铰链放大机构,可以克服上述缺点而实现微纳米级的超精密定位。此类技术中,精密微动工作台的研制开发已经成为当今国内外研究的热点问题之一,不断出现新的形式,它们大多以柔性铰链为导向机构,由压电驱动器进行驱动。此类工作台已被广泛用于能束加工、超精密检测、微操作系统等要求具有纳米级定位分辨率的技术领域中。

(3)超精密机械加工

超精密机械加工在航天、航空产品和现代化精密制造中占有非常重要的地位。近年来世界各国都十分重视超精密加工技术的研究和发展,美国最早成立了Nano研究中心,英国制定了ERATO规划等。微进给机构在超精密加工领域获得广泛应用,一般被用来作为微进给或补偿工具,目前使用最多的便是以压电陶瓷为驱动器的基于弹性铰链支撑位移机构。日本东京工业大学用压电陶瓷微进给机构补偿气浮导轨的直线运动,可将其运动的直线度提高到0.14μm/600mm。美国光学金刚石车床(LODTM)上用的快速刀具伺服机构(FTS)在±1127μm范围内分辨率达2.5nm,频率响应达100Hz,可进行主轴回转误差的补偿(转速在1.50r/min以下)。随着超大规模集成电路的发展及微型机械的要求,超精密加工技术正从亚微米级向纳米级发展。

(4)微型机械

作为驱动部件，压电陶瓷在微型机械当中应用非常广泛。例如，广东工业大学与日本筑波大学合作，已研制出一维、二维联动压电驱动器，其位移范围为 10μm×10μm，位移分辨率为 0.01μm，精度为 0.1μm，用于微型机器人的驱动；长春光学精密机械研究所研制出了直径<3mm 的压电超声马达；日本东京大学工科研究所研制出利用压电陶瓷快速变形的冲击驱动机构(IDM)，并通过 IDM 制成了两种类型的微型机器人(一种为三自由度，另一种为四自由度)。在机器人的端部，最小步进运动小于 0.1nm，最大速度大于 2mm/s，并将它们成功地用在对细胞的操作中。

(五)超声波电机

20 世纪 80 年代中期发展起来的超声波电机(Ultrasonic 机械振动作为驱动源的驱动器。由于其激振元件为压电陶瓷，所以也称为压电马达。USM 是一个典型的机电一体化产品，由电机本体和控制驱动电路两部分组成，其技术涉及振动学、波动学、材料学、摩擦学、电子科学、计算技术和实验技术等多个领域。USM 打破了由电磁效应获得转速和转矩的传统电机的概念。与传统电机相比，USM 具有以下优点：①低速大力矩输出；②功率密度高；③起停控制特性好；④可实现直接驱动；⑤可实现精确定位；⑥可制成直线移动型马达；⑦噪声小；⑧无电磁干扰，也不受电磁干扰。

但 USM 也有不足，这就是它需使用耐磨材料(接触型 USM)和高频电源等。

USM 的应用领域包括以下几个方面。

1. 航空航天器

航空航天器往往在高真空、强辐射、极端温度、无法有效润滑等恶劣环境中或严酷条件下使用，且对其重量要求严苛，于是，具备若干优点的 USM 便成为有关驱动器的最佳选择。

2. 精密仪器仪表

在一些使用电磁马达驱动的精密仪器仪表中，电磁马达可用齿轮箱减速来增大力矩，但齿轮传动存在齿隙和回程误差，这些仪器仪表就难以达到很高的定位精度。相比而言，USM 可实现直接驱动，且响应速度快、控制特性好，比电磁马达更加适用于精密仪器仪表。

3. 机器人关节驱动

用 USM 作为机器人的关节驱动器，可将机器人关节的固定部分和运动部分分别与 USM 的定、转子连为一体，使整个机构变得非常紧凑。例如，日本开发出的球形 USM，为多自由度机器人的驱动解决了诸多难题。

4. 微型机械装置中的微驱动器

微型电机作为微型机械的核心，对微型机械的发展水平具有重要作用。在微电子机械系统（Microel Ectronic Mechanical Systems，MEMS）的研制中，其电机多是毫米级的。医疗领域是微机械技术运用最具代表性的领域之一，USM 在手术机器人和外科手术器械上已得到实际应用。

5. 电磁干扰很强或不允许产生电磁干扰的场合

在核磁共振环境下和磁悬浮列车运行条件下，电磁马达不能正常工作，但 USM 却能十分胜任。

(六)形状记忆合金

形状记忆合金（Shape Memory Alloy，SMA）是一种具备自感知、自适应、自诊断和自修复等功能的新型智能材料，它也是智能材料中应用较早的一种驱动元件。

SMA 在高温下定型后，冷却到室温，并施加外力使之产生变形。此时如果重新加热到高温，SMA 将回复到当初高温定型时的形状，这一现象被称为形状记忆效应。这种特点使 SMA 同时具有了传感器和驱动器的功能，因此 SMA 可以有效地用作敏感兼驱动元件。由于 SMA 驱动器具有结构简单、功重比高、变形量大等特点，可广泛用于微型机械、航空航天、医用机械等领域。

近年来，SMA在机械手和机器人领域中得到广泛应用。尤其在微小型机械手方面，SMA材料可采用激光切割方式制成微米级薄膜贴附在机械手上，或采用表面沉积方式固定在机械手上作为驱动元件，驱动微小型机械手工作。由于SMA材料的形状变化大，能够实现大角度的弯曲变形，因此也经常用于仿生机器人领域，尤其在医疗机械方面应用较多，例如胃肠镜的主动控制等。

三、工业机器人驱动器控制电路设计

（一）步进电机控制系统及其控制电路的设计

使用和控制步进电机必须采用环形脉冲、功率放大等组成的专门控制系统，该控制系统各组成部分的功能及作用如下。

1. 脉冲信号的产生

脉冲信号通常由单片机或CPU产生，一般脉冲信号的占空比为0.3～0.4，电机转速越高，则占空比越大。

2. 信号分配

以二相感应式步进电机为例进行说明，二相电机工作方式一般有二相四拍和二相八拍两种，具体分配如下：二相四拍为AB－AB－AB－AB－AB，步距角为1.8°；二相八拍为AB－B－AB－A－AB－B－AB－A－AB，步距角为0.9°。

3. 功率放大

功率放大是驱动系统最为重要的部分。步进电机在一定转速下的转矩取决于它的动态平均电流而非静态电流。平均电流越大，电机力矩也越大；要想平均电流大，就需要驱动系统尽量克服电机的反电势。因而不同的场合采取不同的驱动方式。到目前为止，驱动方式一般有以下几种：恒压、恒压串电阻、高低压驱动、恒流、细分数等。

步进电机是数字控制电机，它将脉冲信号转变成角位移，即给一个脉冲信号，步进电机就转动一个角度，因此非常适合单片机控制。步进电机与其他电机的最大区别在于它是通过输入脉冲信号来进行控制的，即电机的总转动角度由输入脉冲数决定，而电机的转速由脉冲信号的频率决定。步进电机的驱动电路根据控制信号工作，而控制信号由单片机产生，其基本作用一是控制换相顺序；二是控制步进电机的转向；三是控制步进电机的速度。

基于51单片机的步进电机控制系统由51单片机（以AT89C51为例）、步进电机驱动电源（脉冲分配器和功率驱动）、步进电机等部分组成。工作时，由单片机给出脉冲信号，经脉冲分配器产生步进电机工作所需的各相脉冲信号，功率驱动电路对脉冲分配回路输出的弱信号进行放大，产生电机所需的激励电流。

该控制系统的处理器采用了MCS－51系列单片机AT89C51，其他51单片机的控制作用与此相似。89C51内部有4KB的EPROM、128字节的RAM（其中有16个字节既可作一般的RAM单元使用，又可对128位进行位操作）、21个特殊功能寄存器、两个16位的定时器或计数器以及一个全双工串行口，对外有4个端口、32条I/O线，它们都有位寻址功能，使用起来极其方便。在此处是通过89C51的P1.1口输出信号来控制步进电机的。

本例中，采用的是45BF005－I型三相反应式步进电机，其工作电压为＋24V，静态电流为2.5A，步距角为15°。驱动电源选用了Sanyo（三洋）电机公司生产的PMM8713作为步进电机的脉冲分配器，它非常适合用于控制三相和四相步进电机，有3种激励方式：1相、2相以及1－2相。输入方式可选择单时钟（加方向信号）和双时钟（正转或反转时钟）两种方式，它具有正反转控制、初始化复位、原点监视、激励方式监视和输入脉冲监视等功能。使用的电源为10～24V，输出驱动能力为20mA，运行时，PMM8713作单极性控制。三相步进电机：1－2相激励6拍运行；1相或2相激励3拍运行；四相步进电机：1－2相激励8拍运行，1相或2相激励4拍运行。由于PMM8713输出驱动电流只有20mA，因此需要外接功率驱动放大电路。当用微处理器输出去控制大功率电器时，需要将弱电与强电隔离，这里利用光电隔离器进行隔离。光电隔离器的型号为

TLP521－4，功放晶体管的型号为 P41C。

需要注意的是，光电耦合的输入和输出部分必须分别采用独立电源，如果两端共用一个电源，则光电隔离器的隔离作用就失去意义了。这里只加上单脉冲用来控制步进电机朝一个方向运行。由 PMM8713 产生的脉冲经 74LS06 反向驱动放大后，再经 TLP521－4 光电隔离器隔离，然后驱动步进电机的绕组。I_1、I_2、I_3 是三相步进电机的绕组。改变来自 P1.1 脚的脉冲信号的频率就可以控制 PMM8713 的输出脉冲频率，从而改变步进电机的运行速度。

(二)直流电机控制系统及其控制电路的设计

直流电机的驱动控制都是采用晶体管放大器来实现的。晶体管放大器可以分为线性放大器和开关放大器两种，线性放大器几乎都采用晶体管，而开关放大器既可采用晶体管，也可采用晶闸管等。线性放大器的优点是在其运行范围内有比较好的线性控制特性，没有明显的控制滞后现象，控制精度的范围宽，对附近电路的干扰小。但是线性放大器工作时会产生大量的热量，效率和散热问题十分严重，其最高效率不超过 50%，必须采用大的功率器件，加大散热面积。开关式放大器中，输出端的功率器件工作在开关状态，即饱和导通状态或截止状态。静止状态的器件不消耗能量，而饱和导通的功率器件上的压强又很小，这样功率输出端的损耗就很小，整体效率就很高。下面介绍几种基本的功率放大电路。

1. 全部采用 NPN 晶体管构成的 H 桥电路

通过给 4 个晶体管的基极施加开关驱动信号，使全部晶体管工作在饱和区内。另外，为了不使上下桥臂的晶体管同时导通而发生短路，应在基极驱动信号的时序上采取一些措施。

2. 采用 NPN 和 PNP 型晶体管射极跟随器构成的 H 桥电路

其中采用了 PNP 和 NPN 两种不同导通类型的晶体管，各个晶体管的发射极作为驱动电路的输出端。其优点是可把桥上的晶体管基极相连接，施加一个驱动信号即可，电路比较简单。另外这种电路的上下桥臂不同时导通，即不会发生短路事故。

3. 采用PNP和NPN型晶体管及电压跟随器构成的H桥电路

在PNP和NPN型晶体管的集电极上接负载，构成电压跟随器。该电路中4个晶体管基极电流的驱动方向是不同的，另外应使上下桥臂不能同时导通。

下面介绍一种直流电机的典型驱动电路。功率开关三极管为PNP型，下部的功率开关三极管为N沟道功率MOSFET。由于每个器件均接有一个寄生相位二极管，因而可以将定子电感能量返回到电源。其输出能驱动三角形连接或星形连接的定子，如果使用分离电源，也能驱动中线接地的Y形连接。在任意给定的转子位置，电路中都仅有一个顶部和底部功率开关有效。因此，通过合理配置，可使定子绕组的两端从电源切换到地，并可使电流为双向或全波。由于前沿尖峰通常在电流波形中出现，并会导致限流错误，因此，可通过在电流检测输入处串联一个RC滤波器来抑制尖峰。同时，R采用低感型电阻也有助于减小尖峰。

第五节　工业机器人控制系统软件设计

一、控制系统软件框架

工业机器人的控制软件主要包括运动轨迹规划算法和关节伺服控制算法及相应的动作程序。它们可以用任何语言来编制，但采用通用语言模块化思想和方法编制而成的工业机器人专用软件越来越成为工业机器人控制软件的主流。

工业机器人能成为柔性制造系统(FMS)和计算机集成制造系统(CIMS)等的重要组成部分与基本应用工具，主要原因在于工业机器人的运动轨迹、作业条件、作业顺序能自由变更，满足柔性制造系统的需要。而工业机器人上述三项基本功能得以充分发挥的实际程度则取决于系统软件的水平。

在工作中，工业机器人按照操作者所教动作及有关要求进行作业，操作者可以根据作业结果对目标值或作业条件进行修正，直至满足工艺要求为止。因此，软件系统的基本功能可以归纳如下：

①示教信息的输入，即为满足作业条件而进行的用户工作程序编辑与修正及其人一机对话过程；

②对工业机器人本体及外部设备各相关动作的控制；

③机器人末端执行器轨迹的在线修正；

④对实时安全系统相关动作和功能的控制。

工业机器人控制系统软件设计工作的一个突出特点就是其开发往往一次完成，并且开发完成之后，软件要么固化在 PROM、EPROM 上，要么由系统从盘上引导到内存。但只要开始运行，就要运行相当长时间，有些软件甚至要运行到设备报废为止。例如，一些电器所用微机系统中的软件是永久不变的，只要打开开关，就周而复始地运行。该软件往往固化在 PROM、EPROM 中，成本低、可靠性高。

在工业机器人领域，控制系统的软件按其复杂程度可以分为单任务结构和多任务结构两种。单任务结构系统一般功能单一，整个控制系统中仅有一个任务（在这里就是程序）在运行。这种控制系统所能完成的功能是预先安排好的。但有时为了适应一些简单的、不可预先知道发生时间的事件，也可引入一个或几个简单的中断处理程序。多任务结构系统往往比较复杂，系统并行运行着几个任务，分别处理不同的事件。多个任务会以某种方式分时占用 CPU。由于这类系统软件的开发和设计比较复杂，往往由多人协同完成。在此将对这种系统软件的结构作比较详细的分析。

（一）单任务软件结构

1. 单任务查询式软件结构

单任务查询式软件结构就是系统中只有一个程序且按事先排好的顺序执行。例如，控制一个简单电子秤运行的微处理机系统软件就是一种单任务结构。该电子秤的工作十分简单。假设它由电池供电，微处理机系统只有一个电源开关，合上电源，微处理机就开始巡检秤盘下的传感器，判断该传感器的称量值是否超过最大量程。如果超出最大量程，那么，在数码管显示器上显示出“×xxx”或别的超限标志。如果没有超过最大量程，则将输入的模拟量转换成数字量，再变成相应的计量单位对应值，显示在数码管显示器上。显示完成之后，微处理机又回到巡检状态。只要不关闭电源开关，它就周而复始地循环工作。

在该例中，微处理机（大多是单片机）要处理的查询、显示等工作，完全是预先安排好的，不可更改。这种查询式执行结构的软件其特点是结构简单、功能确定、调试方便。它不仅适合专用的小型微机控制系统，甚至也可以完成相当复杂的工作，但其实时性不强。这是因为在系统中每一功能的优先级是一样的。

在大多数情况下，这种单任务查询式结构是用在单片机控制的专用系统中，如智能仪表和家用电器等小型设备。这种系统的软件通常固化在 ROM 里。人们在普通计算机上也可以应用这种程序结构来设计较为复杂的应用系统。例如在实验室里，人们可以用一台普通 PC 机（或工业 PC 机）来完成一个反应过程的温度或压力等参数的监测与控制。

2. 单任务中断式软件结构

在实际应用中，绝大多数的工业控制计算机应用软件都利用中断技术进行实时控制。特别是在实时性要求较强的应用中更是离不开中断技术。

主程序结构利用中断可以实现紧急事件的处理，从而增强了控制的实时性。例如，人们需要构建一个小型变电所的监视系统，该系统要周期地采集几十路电压、电流、频率等模拟量信号，还要采集几十个开关量信号，并在每个周期计算总的功率，然后把各个量值显示在屏幕上。与此同时，系统需要检测 5 路关键开关量。这 5 路信号中的几个在电路有故障时可能会因开关突然跳闸而失效，由于跳闸的时间间隔很短（一般在毫秒级），人们要求系统对这种跳闸信号的分辨率小于 3ms，即如果两个开关跳闸的时间间隔只要大于或等于 3ms，系统应该能够分辨出哪个开关先跳，哪个开关后跳。这时，必须利用中断方式来处理这些紧急的开关量，因为还要在屏幕上显示各种采集参数、计算参数和中断量参数。

(二)实时多任务软件结构

在工业机器人控制系统中,为了实现对作业任务的实时处理,往往需要一个实时多任务操作系统。实时操作系统的大小和复杂程度差别很大,这和系统的应用特性有关。最简单的情况是开发或购买一个简单的监控程序,用来支持简单的I/O操作,通过一些简单的命令来控制CPU的执行并协助调试软件。一个实时执行程序包括实时多任务处理能力,并支持任务之间的信息交换以及诸如时间管理、任务管理等功能。一个完整的实时多任务操作系统除了必须具备一个实时多任务核心执行程序之外,还要包括文件管理系统。

开发和设计一个实时多任务操作系统并非易事,但了解实时多任务操作系统的一些基本概念能够帮助人们更好地掌握一个现成的实时多任务操作系统。实时多任务操作系统与开发通用软件所用的操作系统如PC－DPS、UNIX等的最大区别在于实时多任务的执行核心。在设计和开发实时应用软件时,一般要用到很多实时多任务执行核心的系统调用命令。因此,将详细介绍实时多任务执行机构的原理和基本组成。

实时多任务系统的关键概念是任务,也叫进程。任务的概念是由多道程序的并行操作而引入的。设计软件时,一个简单的程序往往就由一个程序段组成,而一个复杂的应用程序通常由若干程序段或子程序所组成。程序各个部分的执行顺序是预先确定的。把程序调入计算机开始执行,每次执行一个操作,只有前一个操作完成之后,才进行后边的操作。例如,编写一个计算一元二次方程求解的程序,编好之后输入计算机,进行编译,然后启动。假定程序的执行过程如下:

①先输入方程的三个常数系数a、b、c,回车执行;

②计算方程的根;

③显示结果;

④回到①,输入另一组系数。

由上边的例子可以看出,一个程序的顺序执行具有以下几个特点:程序的执行完全按顺序来完成;程序在执行中独占机器资源;程序的执行结果与执行速度无关;程序的执行结果(方程的根)只与初始条件(输入的系数)有关。所以说,上述程序的执行具有封闭性和可再现性。所谓封闭性是指程序一旦开始运行,就不再受外界因素的影响;而可再现性是指当该程序重复执行时,只要初始条件相同,必将获得相同的结果。

为了提高计算机硬件的利用率和增强系统的处理能力,人们在操作系统中引入了并行处理的概念,即在系统中有若干程序在同时运行。并行处理使得即使是一个单 CPU 系统,都能同时运行几个程序,就好像每个程序都有自己的一个单独 CPU 在执行。

在多任务操作系统中,任务是一个可以与其他操作(功能)并行执行的操作,它有以下几个基本特征:

①动态特征。任务是程序的一次执行过程,装入处理机即处于可执行状态。

②并行特征。任务是可以和别的操作(任务)并行进行的操作过程。

③独立特征。任务是多任务系统中运行的基本单元,也是操作系统进行调度的基本单元。

④结构特征。任务一般由代码段(程序段)、数据段和堆栈段构成,并且每一任务对应一个任务控制块 TCB 为系统所用。

⑤异步特征。异步特征是指任务按照各自独立的不可预知的速度向前推进。由于任务具有该特征,系统必须为它们提供某些设施,使任务间能协调操作和共享资源。

一般说来,单任务(或单程序)结构的软件只适用于功能非常简单的系统,而对绝大多数的工业机器人控制系统来说,其软件的结构要复杂得多,因而应用软件的开发和设计工作也困难得多。对一个真正的工业机器人控制系统来说,用户要求其完成的功能是多种多样的,而且各种功能的性能也因所控制的对象不同而千差万别,可以根据控制程度分为以下几类:

①数据采集监视系统(Data Acquisition System,DAS);

②数据采集和监控系统(Supervisory Control And Data Acquisition, SCADA);

③闭环控制系统(Closed－loop Control System,CLCS)。

以上三个级别的系统中,后一级的功能一般包括上一级的功能。

数据采集监视系统通常完成工业过程中的各种物理量的采集、报警检测、过程显示、报表管理和打印、趋势显示、历史数据存储以及另一些管理功能。

数据采集和监控系统除了完成上述功能,还提供一些控制运算,产生优化控制结果,为操作员进行合理的控制提供依据。因此可将这种工作系统理解为优化运算指导下的控制系统。

闭环控制系统则是计算机直接根据各种现场输入和操作工输入的给定值计算出相应的控制输出量,并利用输出通道输出给执行机构,进行直接数字控制。由于组成闭环控制系统的任何部分出现故障都会直接影响到装置的运行,因而此类控制系统一般都采取一定的冗余或备份措施。为了适应不同的用户或生产过程,通用型机器人控制系统一般应具备以下功能:

a.报警监测过程的数据输入/输出功能;

b.数据表示(实时数据结构)功能;

c.历史数据管理功能;

d.过程画面显示与管理功能;

e.报警信息管理功能;

f.参数列表管理功能;

g.生产记录报表管理与打印功能;

h.操作员与过程的作用(人－机接口)功能;

i.连续控制功能;

j.优化控制或专家系统功能;

k.各种通信功能。

并不是每一个工业机器人控制系统都必须上述各种功能,对于一般的聚中式结构的工业机器人数据采集或控制系统而言，上述的通信功能就非必要，而数据采集的监视管理系统对上述列举的各种控制功能也非必要。

二、控制系统软件平台的搭建

大部分单任务软件都应用于微小型计算机系统中，这些程序往往都固化在系统里，为降低成本并提高可靠性，这些系统通常都不用操作系统。这就需要一个软件开发系统来完成软件的开发、研制工作。其最基本功能是输入和调试软件，一般由以下部分组成：软件开发所需要的外设，如显示器、键盘、打印机、磁盘等；支持开发系统软件的操作系统；用来输入、编辑和存储程序的支持软件；用来编译成汇编程序的软件；用来连接目标模块，生成下载模块的支持软件，以及把软件下装到目标机存储器的支撑软件和硬件；调试程序的支撑软件和硬件。现对以上各个部分进行分别介绍。

(1)外设。虽然软件开发系统所需配置差别很大，但以下几种外设是必不可少的，例如显示器和键盘，可用于程序的输入和编辑，以及显示等；磁盘，可用于永久保存程序代码和目标代码以及存储支持软件；行式打印机，可用于打印程序列表和各种文档，当然，也可用更高级的打印机(如激光打印机)代替。

(2)操作系统。操作系统是开发系统软件的重要基础，它作用于用户和系统硬件及软件之间，控制打印机、显示器、磁盘存储器。一般开发系统都具有文件管理功能。人们熟知的 MS－DOS 操作系统也常用作开发系统的操作系统。

(3)编辑器。编辑器可用来产生数据并形成文件，它允许用户从终端上输入数据(文本)，并可根据需要对该数据进行修改。常见的编辑器有下列三种：

a. 行编辑器(如 EDLIN)；

b. 屏幕编辑器(如 WORDSTAR、AEDIT、PE 等)；

c.语言编辑器(如 QUICKC、TURBOC 的编辑器)。

(4)软件整成。编辑完的软件要经过编译或汇编形成目标文件,目标模块经过连接形成执行代码,而执行代码经过再定位才可以下装或固化。

(5)下装。这种开发系统与被调试的目标系统以一定的方式连接在一起。大多数的开发系统与目标系统通过串行接口接起来的,也有少数是以总线的形式相连的。在串行接口方式下,执行目标代码被串行下装到目标系统。为了接受这些代码,在目标系统上须固化一个监控程序。该监控程序控制程序的接收,并把它存入目标系统 RAM 中的指定位置。

有些目标系统不具备接收开发系统程序的软件和设施。这样,就必须将程序固化到目标系统的 EPROM 中才能调试。开发系统通常含有一个 EPROM 写入器。如果利用通用的操作系统环境如 PC 机环境来开发软件,那么,还要利用单独的 EPROM 写入器来完成程序的固化。把写好的片子插到目标系统板上就完成了程序从开发系统到目标系统的转移。

下面介绍工业机器人软件平台的操作系统。该操作系统是一组程序的集合,用来控制计算机系统中用户程序的执行次序,为用户程序与系统硬件提供接口软件,并允许这些程序(包括系统程序和用户程序)之间交换信息。用户程序,也称为应用程序,一般设计成能够完成某些应用功能。在实时工业计算机系统中,应用程序是人们在功能规范中所规定的功能。而操作系统则是控制计算机自身运行的系统软件。

(一)操作系统的基本组成

操作系统通常由三个部分组成,即:命令解释程序,又叫人机接口、系统核心,和一系列的 I/O 设备驱动程序(I/Odevicedrivers)。其中,命令解释程序是一个允许向操作系统发出命令的程序,它用来接收用户命令并加以翻译和控制执行。例如,用户可以通过它来控制操作系统,并利用它在磁盘上查到某一应用程序,然后把程序调入内存,且把执行权交给该程序。命令解释程序和应用程序可以向操作系统核心发出调用命令,以完成一些与系统和 I/O 有关的操作。一个系统调用命令基本上就是一个子程序调用(或中断子程序调用),它通过一个参数块告知操作系统核心所请求的功能。操作系统核心为计算机硬件和在其上运行的软件提供了一个逻辑接口。对于一个在计算机上运行的应用程序来说,磁盘管理系统就如同一个文件管理系统,人们只需知道文件的名称、大小等信息,而无须知道数据在磁盘某些磁道上的具体存储方式,就可以实现对文件的读、写。操作系统的最后一个组成部分是 I/O 设备驱动软件,这些软件具体控制各种外部设备。因此,这些软件与外设和计算机具体接口的控制形式有关。如果说操作系统的命令解释程序和核心都可以适用于不同的计算机的话,那么,I/O 驱动部分则是每一系统专用的。核心通过调用 I/O 驱动软件来访问 I/O 硬件。最好是 I/O 驱动软件与操作系统的核心具有标准的接口。

(二)用于系统开发的操作系统

任何开发系统都必须拥有一个能够支持应用软件开发所需工具软件的操作系统,如编辑器、编译程序以及汇编器等。由于磁盘存储器是开发系统的必要外设,因此操作系统通常又称为磁盘操作系统(Disk Operating System)。该操作系统还为一些常用外设如显示器、打印机等提供驱动软件。此外,它还支持一些更为专用的外设如仿真器或 EPROM 写入器,或提供串行接口以连接 EPROM 写入器。

(三)操作系统的功能软件

操作系统提供的功能软件与其应用领域和所应用的计算机系统有关。对于那些配有磁盘存储器(如软盘或硬盘)的计算机系统来说,其操作系统一般叫作磁盘操作系统。它们为用户和用户程序提供了文件系统。文件系统隐含了访问磁盘等外存中的硬件操作,用户程序可以调用操作系统来建立一个称为文件的逻辑结构,为该文件指定一个名称,并从文件中读取数据或存入数据。各种操作系统对文件中的处理不尽相同,而且对每个文件所保存的索引信息也差别很大。有的系统只有一级索引结构,而有的复杂系统则有几级索引结构。

在 PC—DOS 中,要将一段内存中的数据写入硬盘中的一个文件保留，那么只要填好参数块发一个打开文件的 DOS 调用，或创建文件调用，接着发一个写入文件调用，就可以将数据写入文件。写完后再发一个关闭文件调用就可以完成文件操作了。文件管理系统是磁盘操作系统必不可少的部分，而且文件管理系统在操作系统中往往占据比较大的空间。用户对操作系统的这部分内容一般不作修改，只进行应用。

操作系统的另一个通用功能是逻辑 I/O 功能。应用程序调用操作系统来完成逻辑 I/O 操作，它们可以完全摆脱具体的设备操作。例如，一个应用程序要把一批输出数据送到控制台上，实际的控制台可能是一台显示器终端、一台打印机或其他设备。这对用户程序来说没有实质的区别，只是逻辑 I/O 地址号不同而已。

(四)实时多任务操作系统

支持并行处理任务的操作系统称为多任务操作系统。实时多任务操作系统除了支持并行处理多任务外，还要具有实时处理能力，所以它应具备以下几个特征：

第一，能够快速进行异步事件响应。实时系统为了能在系统要求的时间内响应异步的外部事件，要求有异步 I/O 和中断处理能力。

第二，能够保证切换时间。当紧急事件发生时，实时操作系统必须在一特定时间范围内立即为紧急任务服务。切换时间是任务之间切换所需的时间。花费时间的多少主要由操作系统保存处理机状态和寄存器内容以及中断服务后返回处理先前任务所需时间决定。

第三，能够保证中断等待时间。它是最重要的实时任务度量。中断等待时间是系统应答最高优先级中断并调度某一任务以对其服务所可能需要的最长时间。这一时间并不确定，它与操作系统所用的 CPU、主频以及中断处理方式有关。

第四，能够进行优先级中断和调度。实时操作系统必须允许用户定义中断优先级和调度任务的优先级以及指定如何处理中断，以保证比较重要的任务能在允许的时间内被调度，而不必考虑其他系统事件。

第五，能够实现抢占式调度。为了保证响应时间，实时操作系统必须允许高优先级任务抢占低优先级任务而进入运行状态。第六,能够保证同步。实时操作系统要提高同步和协调共享数据使用和执行时间的手段。

在实时多任务操作系统里,任务的状态大致分为就绪状态、运行状态、睡眠状态、挂起状态和挂起睡眠状态,状态之间可以根据一定规则进行相互转化,其中包括以下几点:

第一,任务由不存在而创建进入就绪状态。

第二,任务变成就绪链中的最高优先级任务,经任务调度进入运行状态。

第三,执行中的任务被更高优先级的任务抢占,退回就绪状态。

第四,执行中的任务发出睡眠调用或等待交换信息而进入睡眠状态。

第五,睡眠中的任务在睡眠时间已到,或等待的事件信息已到,则进入就绪状态。

第六,运行中的任务通过调用挂起命令而使自己进入挂起状态。

第七,任务被另外运行着的任务挂起。如果被挂起的任务原来处于就绪状态,则执行着的任务通过挂起调用可以使它进入挂起状态;如果要被挂起的任务原来处于睡眠状态,则通过挂起调用可以使其进入挂起睡眠状态。

第八,已处于挂起状态的任务又被另一处于运行状态的任务挂起,则其挂起深度加“1”;反之,已处于挂起状态的任务被另一处于运行状态的任务解挂,则其拴起深度减“1”,但挂起深度还未减至“0”。已处于睡眠状态的任务服从同样的规则。

第九,处于挂起状态的任务被处于运行状态的任务解挂而且挂起深度降为“0”,则进入就绪状态。

第十,任务被删除而不复存在。

上面介绍了任务的状态,以及状态的转移。这些状态的转移是通过一个称为调度程序(Schedular)的执行机构来完成的。调度程序接收操作系统的中断,此外它还接收处于运行状态的任务所发生的操作系统调用。

调度程序在其参数区保留着挂起任务链、睡眠任务链、挂起睡眠任务链和就绪任务链。调度程序完成任务切换工作，即停止运行状态的任务，并启动就绪任务链中的最高优先级任务，这样一个处于运行状态的任务将继续运行直到发生下列情况之一：

第一，该任务发出一个等待事件调用，它将处于挂起等待状态，直到有事件到达。

第二，该任务发出一个调用，请求一个不存在的资源（如内存、I/O等），那么该任务也被挂在挂起任务链中。

第三，该任务发出系统调用请求调度，进入延时状态，该任务将被挂在就绪任务链上或挂起任务链上，这主要决定于它是否需要马上再进入运行状态。

第四，该任务被一个更高优先级的任务抢占调度，使其挂在就绪任务链上。

只要上述情况之一发生，调度程序就必须从就绪任务链中选择一个任务并启动它。大部分商品化的实时多任务操作系统除了支持前面所阐述的功能外，还在不同程度上支持以下一些功能。

(1)内存管理功能。内存管理的主要责任是管理在系统引导之后自由存储空间的分配和回收，并规定每个任务的访问空间，防止任务访问到另一任务的私有空间而破坏其数据结构。

(2)中断管理功能。中断是实时操作系统的一个核心概念。外部事件是随机产生的，对于那些需要 CPU 立即响应并及时处理的事件，必须采用中断方式。不同操作系统的中断处理方式也不尽相同就类型和种类可分为以下几种。

①外部中断。外部中断具体又可分为：

a. 不可屏蔽中断。如掉电和系统复位等产生的中断。

b. 可屏蔽中断。除不可屏蔽中断之外的其他外部设备发出的中断，如通信口、键盘等产生的中断。

②由程序执行产生的中断。例如,零除中断指令等。操作系统的中断处理是分优先级的。8086 系列和 MC68000 系列都支持 256 级中断。除了操作系统占用一批之外,还留有大量的中断号和优先级供用户编程使用。256 级中断列成一个中断向量表,用户使用时可提供参考。

单任务系统的中断处理十分简单,每一个中断都对应一个中断处理程序入口地址,该地址保留在中断向量表中与中断号相对应的位置上。只要中断一产生,而且 CPU 允许中断,则处理机在下一个指令周期就进入中断处理程序。

进入中断处理程序后的第一件工作就是保护现场,而在处理完之后、返回主程序之前要恢复现场。因为整个系统中只有一个任务在运行,而且只有一个堆栈,状态数据就压入堆栈中,返回时再弹出即可。

三、工业机器人程序设计

此前详细阐述了工业机器人控制系统的软件组成及结构形式,由此人们了解到即便是一个普通的工业机器人控制系统也拥有一个较大的软件包,这个软件包通常是由很多小的程序模块组成的。所以,在工业机器人的应用程序设计中,要多积累成熟的软件模块,了解这些模块的原理及调用方法,这样在一个具体的软件开发中,就可以直接将某些现成的模块纳入系统,既可以节省大量的时间和精力,又可以提高软件的可靠性与实用性。

当前,随着处理器性能的提高,如处理速度提高,内存加大,加上实时多任务操作系统和高级编程语言的持续发展,很多应用软件可用高级语言来设计,这些高级语言使程序设计变得简单起来。几乎所有的工控系统中都要用到各种浮点数的转换与运算,特别是在工业 PC 机的应用中。需要注意的是,80386 具有很强的运算功能,但本身不支持浮点数运算。为了降低成本,人们可以采用软件来实现浮点运算。

在工业机器人控制系统中,速度和精度都很重要。所以,为了保证系统的运算精度(特别是在控制运算中),大多数控制系统总是将 I/O 通道采集的 A/D 输出的整数值转换成浮点数，然后用浮点数进行存储和运算，这样可以大大减小因为计算字长等带来的误差。进行浮点运算最为省事的办法就是采用算术协处理器。但这些协处理器通常价格不菲，而大多数的控制系统对运算速度的要求并不很高，于是就希望在不用协处理器的条件下进行浮点运算。

(一)浮点数加法、减法运算子程序 ADDF 与 SUBF

单精度的浮点数用最高位(第 31 位)表示该数的符号位，而次高 8 位(即 23～30 位)用来表示指数与 127 的和，0～22 位用来表示尾数。对于减法运算，将减数的符号取反，然后与被减数进行加法运算即可。在进行加法和减法运算之前，首先应当判别两数的符号相同还是相异。如相同，则取和；如相反，则用绝对值大的数减去绝对值小的数，取绝对值大的数的符号作为运算结果的符号。在工程运算中，有时并不需要很高的精度，因此可在运算精度和处理速度之间折中处置。有时省略了一些特别低位的数，而运算结果的精度仍可保证在万分之一以上。

(二)浮点数乘法运算子程序 MULF

两个浮点数相乘时，指数相加，尾数相乘，符号位由商数的符号位决定。两数同号，结果为正；两数相反，则结果为负。浮点数的乘法运算最为简单。

(三)浮点数除法运算子程序 DIVF

两个浮点数相除时，用被除数的指数减去除数的指数，然后用被除数的尾数除以除数的尾数。运算结果符号位的确定方式与乘法运算类同。但需要注意，在进行除法运算之前，先要判断除数是否为零，如果为零，则直接返回零除错误。

(四)整数转换成 ASCH 码 CVTIA

在工业机器人控制系统中，常常用到一些显示技术，如趋势显示等。这些显示方式有一个共同的特点，就是要将某些物理量(用浮点数表示)的大小用棒的高度或线的高度表示出来。而普通 CRT 的显示分辨率是有限的正整数，如 1024×768、640×480 等。因此，必须将浮点数转换成整数。

(五)ASCⅡ码转换成整数 CVTAI

浮点数与整数的转换比较简单，这从浮点数的定义可以直接得知。需要注意的是，当该数为负数时，其整数形式通常用补码表示，而浮点数的尾数是原码的一部分，因此要进行转换。由于指数代表数值所占的位数，因此可以通过将尾数移位而得到相应的整数。

(六)整数转换成浮点数 CVTIF

A/D 转换器输入的数据是整数(或正、负整数)，一般为 12 位，最多为 16 位。如果在系统中用浮点数进行运算，如量程、物理量之间的转换、PID 运算、统计量运算等，则必须先将整数转换成浮点数，以保证系统的计算精度。CVTIF 是 CVTFI 的逆过程，其原理一样，从程序可以直接了解。

(七)单精度浮点数转换成整数 CVTF

ASCⅡ码转换成整数主要用于人—机输入中。键盘输入产生的数值一般以 ASCⅡ码的形式传给计算机，故必须先将其转换成整数才可进行相关运算。转换成整数的算法极为简单，只考虑 0～9 这 10 个数字，十、一号以及空格，其他字符按非法字符处理。

(八)ASCⅡ码表示 HEX 数与 INT 数间的相互转换

主要用于整数的显示、打印中。因为 CRT 和打印机不能直接将数值显示出来，打印前必须先将这些值转换成相应的 ASCI，再送去显示和打印。

(九)ASCⅡ码转换成浮点数 CVTAF

CVTAF 用于数据输入中。ASCⅡ码表示的实数转成单精度 IEEE 浮点数比 ASCⅡ整数转换成计算机使用的整数要复杂得多。首先，实数的表示方法和所用的字符种类就有很多。如 100.38，－256.7，－10.5e－3，1.59e＋10 等都是可能的实数。因此，要识别和处理的字符有“＋”“－”

“0－9”“e”“E”“.”,而其他则作为非法字符处理。此外,要允许数据前边或后边有若干空格存在。

在 CVTAF 中,为了提高运算速度,可只取 4 位有效数字,第五位采用 4 舍 5 入方式处理。因为在普通的工业机器人控制系统中,精度是一个需要综合考虑的因素,一般不会订得太高。因此,取万分之 0.5 的精度就能满足使用要求。如果不够,还可以修改程序。

CVTAF 的原理是先分别将指数和尾数计算出来,然后将尾数变成一个“标准”的浮点数如 1.55891、1.244 等,再放大或大幅度缩小变成实际数。

(十)浮点数转换成 ASCⅡ码 CVTFA

IEEE 浮点数格式转换成 ASCⅡ码表示的实数是工业机器人控制系统中一个几乎必不可少的功能。系统的显示和打印都要用到此功能。CVTFA 是 CVTAF 的逆运算。在调用时,调用者要明确实数的表达格式,如有效位数以及小数点后的位数等。

四、数据通信设计

(一)工业机器人通信方法

在工业机器人通信系统中,其通信方法按数据传输方向和时间可分为单工通信、半双工通信及全双工通信三种。

1.单工通信

所谓单工通信是指数据只可以单方向传送的工作方式。比如遥测、遥控,就是单工通信方式,其信道是单向信道,发送单元与接收单元的身份是固定的,发送单元只发数据,而不能接收数据;接收单元只接收数据,而不能发送数据。数据的信息仅从一端传至另一端,数据流为单方向流动。

2.半双工通信

半双工通信可实现双向的数据传输,但不能同时进行双向传输,必须采用交替轮流方式传送信息。在半双工通信中,信道的每一段既可作为发送单元,也可作为接收单元。但相同时间里,信息只沿一个传送方向流动。

3. 全双工通信

全双工通信是指在通信时,通信信道上存在双向的信号传递,数据可以同时在双向上传输,所以又叫双向同时通信,即数据通信的两方可同时发送和接收信息。全双工方式下,通信的传输端口都有发送与接收模块,所以,信息可以实现双向传输。由于全双工通信不用进行方向上的切换,所以无切换操作产生的时间延迟,对一些不许有时间延误的交互式应用(如工业机器人控制系统)十分有利。

(二)设计语言

1983 年,Gate Way Design Automation 公司的 Phil Moordy 等人首创了 Verilog HDL,后来随着 Verilog－XL 算法的开发成功,VerilogHDL 得到了迅速的发展。由于 Verilog HDL 语言具有一定的优越性,IEEE 在 1995 年制定了 Verilog HDL 语言的 IEEE 标准(201)。今天,VerilogHDL 语言已经成为一种广泛用于硬件描述的语言,可用于数字电子系统的设计。其软件编程的方式可以用来描述电子系统的逻辑功能、电路结构和连接形式。它可以准确描述信息流、数据结构、逻辑行为等三种形式。Verilog 适合算法级(algrithem)、系统级(system)、寄存器传输级(RTL)、门级(gate)、逻辑级(logic)、电路开关级(switch)设计1205,分别简述如下。

1. 算法级(algrithem－level)

算法级的 Verilog 可提出高级结构,可用于设计算法运行的模型。

2. 系统级(system－level)

系统级 Verilog 采用语言编写的高级结构模型,用来实现其模块的外部性能。

3. RTL 级(registertransferlevel)

RTL 级的 Verilog 可描述寄存器间的信息流动以及怎样去实时控制、处理这些信息流动的模型。上述三种均是行为描述,仅 RTL 级和逻辑电路建立了明确的对应关系。

4. 门级(gate－level)

门级的 Verilog 是一种描述逻辑门以及逻辑门之间连接的模型，并且与逻辑电路建立了明确的连接关系。

5. 开关级(switch－level)

开关级 Verilog 可运来描述三极管等元器件及其存储节点和它们间连接关系的模型，它与具体的物理电路相互对应。因为 VerilogHDL 语言能够综合描述逻辑电路，所以它是高层次的设计核心，而且设计工作人员在物理实现上只需要花费比较少的精力，把其工作的重心放到了怎样去更好的实现和调试设计系统的功能。它有如下几个设计的优点：

一是具有逻辑设计层次和范围之间关系的描述能力；

二是可以更加具体化地表示电路的抽象行为及结构；

三是逻辑电路仿真与验证可以确保设计的合理与正确性；

四是管理文档比较方便；

五是逻辑电路从高层到底层可以自由地转换；

六是可以对照 C 等高级语言的精妙结构来正确简化逻辑电路的描述行为；

七是硬件语言描述与具体的工艺实现无关。VerilogHDL 作高级硬件编程语言，它与 C 语言有许多的相似之处。其中的许多语句，如 if 语句、case 语句和 C 语言中对应的语句非常相似，而且 VerilogHDL 语言的移植性好，被很多 EDA 厂商所支持。

(三)工业机器人异步串行通信接口设计

工业机器人的串行通信接口有很多种，而且也可以采用多种设计编程语言，本书所设计的异步串行通信属于全双工通信，其接口也是一种常见的通信接口，用 FPGA 的硬件描述语言 VerilogHDL 编写程序。一般而言，完整的 FPGA 设计流程包括；分析电路设计要求及设计输入、代码调试、前仿真、综合、布局布线、布局布线后仿真、时序分析、仿真验证与调试等主要步骤。

FPGA 设计流程中的各个步骤说明如下：

第一，电路设计与输入的目的是通过分析系统设计要求，制定硬件电路的原理图，并把电路模块化，然后编写各个模块，在设计软件 Quartus9.0 建立工程录入源代码。这一步骤十分重要，因为如果逻辑电路设计不合理，将对后面工作造成不利，甚至会导致大量返工。

第二，在完成电路的设计与输入工作后，应当进行代码调试及功能仿真。在此步骤中，要先对设计输入的. V 文件进行代码调试及语法检查。因为在输入的过程中，有可能因疏忽或其他原因造成输入错误。检查无误后，再对各功能模块进行仿真实验。功能仿真的目的主要是为了验证所设计的电路结构和功能是否正确、是否达到了设计要求。需要注意的是，此时的仿真过程基本考虑的是理想情况，没有涉及任何具体的元件电气特性，时序上的任何要求均可以达到，所以此时的功能仿真又叫作前仿真。通过仿真可以发现逻辑模型是否有错，电路行为描述是否有错，从而可以使电路设计更加可靠。

第三，所谓综合优化是将经过前仿真后的设计还原成原始的目标工艺，即将所设计的逻辑原理图和电路输入生成由基本逻辑单元组成的逻辑网表，此步骤又可看作是从 RTL 行为级描述到门级描述的转换，然后再对面积要求和性能要求进行优化，使其达到面积和性能的设计目标。经过优化后的逻辑网表可按标准格式的网表文件输出。在此过程中可采用 Altera 公司的 QuartusⅡ9.0 内嵌综合优化工具。

第四，经过综合优化后，为了检测是否达到了原设计的要求，也为了保证工艺的正确性，还必须进行综合优化后的仿真测试，以估计门延时所带来的影响，但却不能估计线延时所带来的影响。所以仿真结果和布局布线后的实际情况尚有一定的差距，不是十分准确。

第五，在布局布线环节，是先自动布线，即把设计映射到目标工艺的指定位置，然后再进行手动布线，进行位置约束，以减少线延时所带来的影响。布局布线时可以手动设置一些参数，比如速度优先、性能优先等，以此来优化布局布线的结果。

第六，布局布线的后仿真验证是把设计的时序信息映射到逻辑网表中再进行仿真。由于经过面积约束和布线所得到的文件包含门延时与实际的线延时，所以其包含的时序数据最全，因而布线之后进行的仿真其结果最为正确，可以如实地反映芯片的工作情况。经过布局布线后的仿真就是为了发现时序违规的情况，即发现那些不能满足时序的约束条件或是不能满足元件固有的时序规则（建立时间、保持时间等）的情况。所以仿真后还应进行一些验证，以此来验证设计的可靠性与可行性。

第七，最后就是在线调试，或将产生的配置文件下载到芯片中来测试。

（四）异步串行接口各功能模块的设计

1. 波特率发生模块

在串口通信时，波特率发生器产生设计用的时钟频率，接收逻辑和发送逻辑单元。需要注意，接收单元与发送单元约定一样的位传送率（即波特率），波特率模块的输出端是 CLK×16，表示波特率的 16 倍数，是由对主频率 TCLK 分频得到的。由二进制类型的除数锁存器（16 位）与 16 位的计数器完成分频。低字节的锁存器和高字节的锁存器都是 8 位的二进制锁存器。在 ADDR（选信息的地址位）与 DLAB（除数的锁定标志位）的作用下，依次输入除数的锁存器中。因为有除数的设置，所以能对系统时钟进行任意数分频。

2. 发送单元模块

发送单元模块包含两个寄存器，它们是发送位移寄存器（Transmit Shift Register，TSR）和发送缓冲寄存器（Transmit Buffer Register，TBR），都是 8 位数据。发送单元要发送信息，首先要把系统复位，此时 TSR 与 TBR 都处于空闲状态，与此同时线路状态寄存器（LSR）中的 TBR 的空标志位置 1，计算机告知 TBR 准备对数据进行写操作，等到信息传入 TBR 后，空标志位置 0。此时系统的串行信息将会按照由低到高的顺序自行传输。

下面就是数据的具体传输过程：先从 TSR 的端口发送一位起始位，

与此同时，TBR的信息会自行传入TSR中，然后把TSR中的信息加上校验位，并把装好的信息从TSR中传出，在此过程中信息须参照线性控制寄存器(LCR)中的字符帧格式附加校验码；停止位是附加在字符帧的最后一位，停止位的出现表明字符帧信息传输结束。TSR为空以后，也就是串行字符帧传输完毕后，此时如果发现TBR中还有信息，此信息则会自行移入TSR中，并且传送出新的字符帧的起始位，再开始新一帧的数据传输。当无信息传输时，使串行信息输出口处于高电平。发送单元设计了6个工作状态，下面会对各个状态的功能作详细介绍。

(1)开始状态

系统复位就是开始(Start)状态，发送单元在Start状态时会等待数据起始位的输入，当发送信息到接收缓冲单元(FIFO)或是TBR发现信息输入时，起始位的信息才能输入，若起始位从端口传出，将换到移位(Shift)状态。

(2)移位状态

在等候最后有效信息位输出时，状态机处于移位(Shift)状态，由LCR字符帧的长度决定有效信息位，此数据传输后，若是校验的使能有效，换到校验状态，无效则直接转至Stop状态。

(3)校验状态

当处于校验(Parity)状态时，信息仍在传送中。当信息传递完成时，发送单元传出数据校验位，信息停止发送，状态机便转至Stop状态。

(4)Stop_lwei状态

不管停止位是lwei、1.5wei或是2wei，状态机最终都会转至此状态。在此状态时，由LCR的停止位规定，确定转至1.5wei状态、2wei状态或是Start状态。

(5)Stop_1.5wei状态

在LCR的状态信息停止位处于1，有效信息字长是5时，其停止位便选择1.5wei，状态的时间停半个时钟周期，再转至Start状态。

(6)Stop_2wei状态

在需应用两个停止位来发送信息时，便会转至此状态。处于这种状态时，其信息的头个停止位还在传送，需经过一个时钟周期，才可以转至Start状态。

3. 接收单元模块

接收单元工作时先对信息进行串并转换，并把并行信息存于FIFO和接收缓冲寄存器(RBR)中，然后把信息传至中断控制单元，接收单元判断是否允许再接收信息。当每帧信息收完，由内部信息对中断判断单元传出请接收设备准备的要求，再由中断单元地址线与读写信号译码生成选通信息，由此信息告知对RBR信息的读取。从RBR取出信息后，中断单元会生成RBR的空标志位，告知计算机写入RBR中的信号。与此同时，接收单元的信息将通过一系列的误码检测，并送到中断单元中，中断单元按照中断类型把信息映射到LSR中，提出中断请求。

(1)复位/空闲(Idle)状态

启动复位信号，接收单元状态机就会处于此状态。接收单元在等待判断出现低电平的起始位信息是否有效。若是检验到起始位有效，则转换至Shift状态。

(2)移位(Shift)状态

当接收单元处于此状态时，每16个TCLK(土时钟)周期对RSR的每个移入信息采样一次，采样完成后，若校验的使能有效，状态切至校验(Parity)状态，如果使能无效，就直接切换到停止(Stop)状态。

(3)校验(Parity)状态

接收单元的状态机在此状态时，须等待16个TCLK周期，再对校验数据位采样，当信息校验位采样完毕，转换至停止(Stop)状态。

(4)停止(Stop)状态

停止状态下，不管是几位停止位，状态机均需要16个TCLK周期后再停止采样，此时接收单元对停止位长度不予检测，而是只检测停止位的逻辑电平是否为高电平。一旦检测到逻辑电平变为“1”，对应的LSR字符帧格式检测指示位则不会置位，并且状态机转换至复位/空闲(Idle)状态，静待下个字符帧的传输。

4. 接口模块

接口模块分为系统总线控制任务、异步串行通信接口和信号线之间连接端口两个部分。

接口单元主要有双向的数据端口 Data、地址输入 Addr、主时钟 TCLK、片选输入端 en、写操作 WRN、读操作 RED、复位输入端 RST、接收缓冲单元的满标志信号 Rxfull 和发送缓冲单元的满标志信号 Txfull，还有 LCR、LSR、IER、HR、FCR、MCR 六个寄存器。

各组成部分的作用如下：

①步串行通信接口和信号线之间连接端口的输入端包括主时钟 TCLK、片选输入端 en、写操作 WRN、读操作 RED、复位输入端 RST；输出端包括接收缓冲单元的满标志信号 Rxfull 和发送缓冲单元的满标志信号 Txfull；双向的数据端口则包括 Data。

②系统总线控制任务配置的 LCR（线性控制寄存器）、IER（中断允许寄存器）、MCR（调制解调控制器）、FCR（快进快出控制器）是接口模块控制信号的寄存器；IR（中断标志寄存器）、LSR（线性状态寄存器）是接口单元的状态信息寄存器。

③LCR 控制传输的字符帧格式，即起始位、信息位、校验位、停止位等；先进先出（FIFO）的中断请求由 FIFO 控制器（FCR）控制；IER 允许或禁用信息中断的类型（其类型包括发送缓存单元的中断、接收缓存单元的中断、外部设备信息传输中断、线路上的中断请求等）；IR 的作用是规定中断请求的优先级别及信息中断标志位；线性状态寄存器（LSR）是用来检查线路的状态。例如数据包出错的原因，发送寄存器/接收寄存器空状态标识以及终止符检测。

第六章　工业机器人编程

第一节　工业机器人语言系统

一、工业机器人语言概述

在工业机器人专用语言未实现实用化之前，人们使用通用的计算机语言编制工业机器人管理和控制程序，当时最常用的语言有汇编语言、Fortran 语言、Pascal 语言、Basic 语言等。现在所广泛使用的工业机器人语言也是在通用的计算机语言的基础上开发出来的。一般而言，工业机器人语言至少应当包括系统初始化模块、状态自检模块、数据处理模块、起始定位模块、编辑操作块、示教操作模块、单步操作模块和再现操作模块等。由于工业机器人的控制装置和作业要求多种多样，国内外尚未制订统一的工业机器人控制代码标准，所以工业机器人语言也是多种多样的。目前，在工业生产中应用的工业机器人的主要编程方式有以下几种形式。

(一)顺序控制的编程

在顺序控制的机器中，所有的控制都是由机械的或电气的顺序控制器实现的，一般没有程序设计的要求，顺序控制的灵活性小，这是因为所有的工作过程都已编好，或由机械块控制，或用其他确定的办法控制。大量的自动机都是在顺序控制下操作的。这种方法的主要优点是成本低，易于控制和操作。

(二)示教方式编程(手把手示教)

目前大多数工业机器人还是采用示教方式编程。示教方式编程是一项成熟的技术，易于被熟悉工作任务的人员掌握，而且用简单的设备和控制装置即可进行。示教方式编程过程进行得很快，示教过后，马上即可应用。在对工业机器人进行示教时，工业机器人控制系统将示教的工业机器人轨迹和各种操作存入存储器，如果需要，过程还可以重复多次。在某些系统中，还可以用与示教时不同的速度再现。

如果能够从一个运输装置获得使工业机器人的操作与搬运装置同步的信号，就可以用示教的方法来解决工业机器人与搬运装置配合的问题。

示教方式编程也有一些缺点：第一，只能在人所能达到的速度下工作；第二，难以与传感器的信息相配合；第三，不能用于某些危险的情况；第四，在操作大型工业机器人时，这种方法不实用；第五，难以获得高速度和直线运动；第六，难以与其他操作同步。

使用示教盒示教可以克服其中的部分缺点。

（三）示教盒示教编程（在线编程）

利用装在控制盒上的按钮可以驱动工业机器人按需要的顺序进行操作。在示教盒中，每个关节都有一对按钮，这一对按钮分别控制该关节在两个方向上的运动。有的示教盒还提供附加的最大允许速度控制。虽然为了获得最高的运行效率，人们希望工业机器人能实现多关节合成运动，但在用示教盒示教的方式下，难以同时移动多个关节。虽然电视游戏机上的游戏杆可用来提供在几个方向上的关节速度，但是它也有缺点。这种游戏杆通过移动控制盒中的编码器或电位器来控制各关节的速度和方向，难以实现精确控制。

示教盒示教一般用于大型工业机器人或在危险作业条件下的工业机器人。这种方法仍然难以获得高的控制精度，也难以与其他设备同步和与传感器的信息相配合。

（四）脱机编程

脱机编程也称预编程或离线编程，是指用工业机器人语言预先进行程序设计，而不是用示教的方式编程。脱机编程有以下几个优点。

①编程时可以不使用工业机器人，可腾出工业机器人，使其去做其他

工作。

②可预先优化操作方案和运行周期。

③以前完成的过程或子程序可结合到待编程序中去。

④可用传感器获得外部信息，从而使工业机器人做出相应的响应这种响应使工业机器人可以在自适应的方式下工作。

⑤控制功能中可以包含现有的计算机辅助设计（CAD）和计算机辅助制造（CAM）的信息。

⑥可以通过预先运行程序来模拟实际运动，从而不会出现危险。利用图形仿真技术，可以在屏幕上模拟工业机器人运动来辅助编程。

⑦对不同的工作目的，只需替换一部分待定的程序。

在非自适应系统中，没有外界环境的反馈，仅有的输入是各关节传感器的测量值，因此可以使用简单的程序设计手段。

二、工业机器人的语言结构

工业机器人语言实际上是一个语言系统。工业机器人语言系统既包含语言本身给出作业指示和动作指示，同时又包含处理系统根据上述指示来控制工业机器人系统。工业机器人语言系统，它既支持工业机器人编程、控制，以及工业机器人与外围设备、传感器的接口，又支持和计算机系统的通信。

三、工业机器人的语言操作系统

工业机器人语言操作系统包括监控状态、编辑状态、执行状态 3 个基本的操作状态。

①监控状态是用来进行整个系统的监督控制的。在监控状态下，操作者可以用示教盒定义工业机器人在空间的位置、设置工业机器人的运动速度、存储和调出程序等。

②编辑状态是提供操作者编制程序或编辑程序的。尽管使用不同的语言时编辑操作不同，但一般均包括写入指令、修改或删除指令和插入指

令等。

③执行状态是用来执行工业机器人程序的。在执行状态，工业机器人执行程序的每一条指令，操作者可通过调试程序修改错误。例如，在程序执行过程中，某一位置关节角超过限制，因此，工业机器人不能执行，在CRT上显示错误信息，并停止运行，操作者可返回到编辑状态修改程序。目前大多数工业机器人语言允许在程序执行过程中直接返回到监控状态或编辑状态。和计算机编程语言类似，工业机器人语言程序可以编译，即把工业机器人源程序转换成机器码，以便工业机器人控制柜能直接读取和执行，编译后的程序运行速度大大加快。

第二节　工业机器人语言的要素

工业机器人语言是一种描述语言，它能十分简洁地描述工作环境和工业机器人的动作，能通过尽可能简单的程序来实现复杂的操作内容。工业机器人语言和一般的程序语言一样，具有结构简明、概念统一、容易扩展等特点。

从实际应用的角度来看，在很多情况下都是操作者实时地操纵工业机器人工作，为此，工业机器人语言还应当简单易学，并且有良好的对话性。高水平的工业机器人语言还能够判断和反馈信息，并应用目标物体和环境的几何模型。在工作进行过程中，几何模型又是不断变化的，因此性能优越的工业机器人语言会极大地减少编程的困难。

从描述操作命令的角度来看，工业机器人语言的水平可以分为以下三级。

(1)动作级。动作级语言以工业机器人末端操作器的动作为中心来描述各种操作，要在程序中说明每个动作。这是一种最基本的描述方式。

(2)对象级。对象级语言允许较粗略地描述操作对象的动作、操作对象之间的关系等。使用这种语言时，必须明确描述操作对象之间的关系和工业机器人与操作对象之间的关系。对象级语言特别适用于组装作业编程。

(3)任务级。为实现指定的操作内容，工业机器人必须一边思考一边工作。任务级语言是直接指定操作内容的一种水平很高的工业机器人语言。

现在还有人在开发一种能按某种原则给出最初的环境状态和最终的工作状态，然后让工业机器人自动进行推理、计算，最后自动生成工业机器人的动作的系统。这种系统现在仍处于基础研究阶段。

由于工业机器人语言系统的特殊性，工业机器人语言具有与一般程序语言不同的功能要素，对这些要素可分述如下。

一、外部世界的建模

工业机器人程序是描述三维空间中运动物体的，因此工业机器人语言应具有外部世界的建模功能。只有具备了外部世界模型的信息，工业机器人程序才能完成给定的任务。

在许多工业机器人语言中，规定各种几何体的命名变量，并在程序中访问它们，这种能力构成了外部世界建模的基础。

二、作业的描述

作业的描述与环境的模型有密切的关系，而且作业的描述水平决定了语言的水平。作为最高水平，人们希望以自然语言作为输入语言，并且不必给出每一步骤。现在的工业机器人语言需要给出作业顺序，并通过使用语法和词法定义输入语言，再由它完成整个作业。

装配作业可以描述为外部世界模型的一系列状态，这些状态可通过工作空间中所有物体的形态给定，说明形态的一种方法是利用物体之间的空间关系。另一种方法是把作业描述为对物体的一系列符号操作，这种描述方法十分类似于工业装配任务书中的说明。

第三节　工业机器人语言的基本功能

工业机器人语言的基本功能包括运算、决策、通信、机械手运动、工具指令和传感器数据处理等功能。许多正在运行的工业机器人系统，只提供机械手运动和工具指令以及某些简单的传感数据处理功能。工业机器人语言体现出来的基本功能都是在工业机器人系统软件的支持下形成的。

一、运算

在作业过程中执行的规定运算能力是工业机器人控制系统最重要的能力之一。

如果工业机器人未装任何传感器，那么就可能不需要对工业机器人程序规定什么运算。没有传感器的工业机器人只不过是一台适于编程的数控机器。

对于装有传感器的工业机器人所进行的最有用的运算是解析几何运算。运算结果能使工业机器人自行做出在下一步把工具或夹手置于何处的决定。用于解析几何运算的计算工具可能包括下列内容。

①机械手解答及逆解答。

②坐标运算和位置表示，如相对位置的构成和坐标的变化等。

③矢量运算，如点积、交积、长度、单位矢量、比例尺及矢量的线性组合等。

二、决策

工业机器人系统能够根据传感器输入信息做出决策，而不必执行任何运算。使用传感器数据进行计算得到的结果，是做出下一步该干什么这类决策的基础。这种决策能力使工业机器人控制系统的功能更强。一条简单的条件转移指令(例如检验零值)就足以执行任何决策算法。

供采用的决策形式包括符号（正、负或零）检验、关系（大于、不等于等）检验、布尔（开或关、真或假）检验、逻辑检验（对一个计算字进行位组检验）及集合（一个集合的数、空集等）检验。

三、通信

工业机器人系统具有与操作人员进行通信的能力，允许工业机器人要求操作人员提供信息、告诉操作人员下一步该干什么，以及让操作人员知道工业机器人打算干什么。人和机器能够通过许多不同方式进行通信。对工业机器人向人提供信息的设备按复杂程度进行排列如下。

①信号灯，通过发光二极管，工业机器人能够给出显示信号。

②字符打印机、显示器。

③绘图仪。

④语言合成器或其他音响设备（铃、扬声器等）。

四、机械手运动

可用许多不同的方法来规定机械手的运动。最简单的方法是向各关节伺服装置提供一组关节位置，然后等待伺服装置到达这些规定位置。比较复杂的方法是在机械手工作空间内插入一些中间位置。这种程序使所有关节同时开始运动和同时停止运动。

用与机械手（除 X－Y－Z 机械手外）的形状无关的坐标来表示工具位置，并用一台计算机对解答进行计算是更先进的方法。在笛卡儿空间内插入工具位置能使工具端点沿着路径跟随轨迹平滑运动。引入一个参考坐标系，用以描述工具位置，然后让该坐标系运动。这对许多情况是很方便的。

采用计算机，极大地提高了机械手的工作能力。这主要表现在以下几个方面。

①使很复杂的运动顺序成为可能。

②使运用传感器控制机械手的运动成为可能。

③能够独立存储工具位置，而与机械手的设计以及刻度系数无关。

五、工具指令

一个工具指令通常是由闭合某个开关或继电器而开始触发的，而继电器又可能把电源接通或断开，以直接控制工具运动，或者送出一个小功率信号给电子控制器，让后者去控制工具。直接控制是最简单的方法，而且对控制系统的要求也较少。可以用传感器来感受工具运动及其功能的执行情况。

采用工具功能控制器，对工业机器人主控制器来说就有可能对工业机器人进行比较复杂的控制。采用单独控制系统能够使工具功能控制与工业机器人控制协调一致地工作。这种控制方法已被成功地用于飞机机架的钻孔和铣削加工中。

六、传感数据处理

用于机械手控制的通用计算机只有与传感器连接起来，才能发挥其全部效用。传感数据处理是许多工业机器人程序编制中十分重要而又复杂的组成部分，采用触觉传感器、听觉传感器或视觉传感器时更是如此。例如，当应用视觉传感器获取视觉特征数据、辨识物体和进行工业机器人定位时，对视觉数据的处理往往是极其费时的。

传感器具有多种形式。按照功能，传感器可分为以下几类。

(一)内体感受器

用于感受机械手或其他由计算机控制的关节式机构的位置。

(二)触觉传感器

用于感受工具与物体(工件)间的实际接触。

(三)接近度或距离传感器

用于感受工具至工件或障碍物的距离。

(四)力和力矩传感器

用于感受装配(如把销钉插入孔内)时所产生的力和力矩。

(五)视觉传感器

用于“看见”工作空间内的物体，确定物体的位置或(和)识别它们的形状等。

第四节　常见的工业机器人语言

一般用户接触到的语言都是工业机器人公司自己针对用户开发的语言，通俗易懂。在这一层次，每一个工业机器人公司都有自己的语法规则和语言形式，这些其实都不重要，因为这一层是给用户示教编程使用的。在这层语言平台之后是一层基于硬件的高级语言平台，如C语言、C++语言、基于IEC 61131标准的语言等，这些语言是工业机器人公司进行工业机器人系统开发时所使用的语言，运用这一层次的语言平台可以编写翻译解释程序，该层语言平台主要进行运动学和控制方面的编程。底层就是硬件语言平台，如基于Intel硬件的汇编指令等。商用工业机器人公司提供给用户的编程接口一般都是自己开发的简单的示教编程语言系统。工业机器人控制系统提供商提供给用户的一般是第二层语言平台。在这一平台层次，工业机器人控制系统供应商可能提供了工业机器人运动学算法和核心的多轴联动插补算法，用户可以针对自己设计的产品应用自如地进行二次开发，该语言平台具有较好的开放性，但是用户的工作量也相应增加，这一层次的平台主要是针对工业机器人开发厂商的平台，如欧系一些工业机器人控制系统供应商提供的就是基于IEC 61131标准的编程语言平台。对于最底层的汇编语言级别的编程环境，我们一般不用太关注，这些是控制系统芯片硬件厂商的事。

不同工业机器人公司的工业机器人编程语言不同，各家有各家自己的编程语言。但是，不论变化多大，其关键特性都很相似。比如Staubli工业机器人的编程语言叫作VAL3，其风格和Basic相似；ABB工业机器人的编程语言叫作RAPID，其风格和C语言相似；还有Adept Robotics的V+，Fanuc工业机器人、KUKA工业机器人、MOTOMAN工业机器人都有专用的编程语言。由于工业机器人的发明公司 Unimation 公司最开始使用的编程语言就是 VAL 语言,所以这些语言的结构有所相似。VAL 语言是美国 Unimation 公司于 1979 年推出的一种工业机器人编程语言,主要配置在 PUMA 型和 UNIMATION 型等工业机器人之上,是一种专用的动作类描述语言。VAL 语言是在 Basic 语言的基础上发展起来的,所以其结构与 Basic 语言的结构很相似。在 VAL 的基础上 Unimation 公司推出了 VALH 语言;而后来 Staubli 公司收购了 Unimation 公司,又发展了工业机器人编程语言 VAL30。

一、VAL 语言

VAL 语言可应用于上、下两级计算机控制的工业机器人系统。上位机为 LSI－11/23,进行系统的管理,编程在上位机中进行;下位机为 6503 微处理器,主要控制各关节的实时运动。编程时可以采用 VAL 语言和 6503 汇编语言混合编程的方式。VAL 语言命令简单、清晰易懂,描述工业机器人作业动作及与上位机的通信均较方便,实时功能强;可以在在线和离线两种状态下编程,适用于多种计算机控制的工业机器人;能够迅速地计算出不同坐标系下复杂运动的连续轨迹,能连续生成工业机器人的控制信号,可以与操作人员交互,允许操作人员在线修改程序和生成程序;包含一些子程序库,通过调用各种不同的子程序实现对复杂操作的控制;能与外部存储器进行快速数据传输,以保存程序和数据。VAL 语言系统包括文本编辑、系统命令和编程语言三个部分。在文本编辑状态下可以通过键盘输入文本程序,也可通过示教盒在示教方式下输入程序。在输入过程中可修改、编辑、生成程序,最后将程序保存到存储器中。在此状态下也可以调用已存在的程序。系统命令包括位置定义、程序和数据列表、程序和数据存储、系统状态设置和控制、系统开关控制、系统诊断和修改。编程语言把一条条程序语句转换执行。

二、AL 语言

AL 语言是 20 世纪 70 年代中期美国斯坦福大学人工智能研究所开

发研制的一种工业机器人语言。它是在 WAVE 的基础上开发出来的，也是一种动作级语言，兼有对象级语言的某些特征，适用于装配作业。它的结构及特点类似于 Pascal 语言，可以编译成机器语言在实时控制机上运行，具有实时编译语言的结构和特征，如可以同步操作、条件操作等。AL 语言设计的原始目的是用于具有传感器信息反馈的多台工业机器人或机械手的并行或协调控制编程。运行 AL 语言的系统硬件环境包括主、从两级计算机控制，主机内的管理器负责管理和协调各部分的工作，编译器负责对 AL 语言的指令进行编译并检查程序，实时接口负责主、从机之间的接口连接，装载器负责分配程序。从机为 PDP－11/45。主机的功能是对 AL 语言进行编译，对工业机器人的动作进行规划；从机接受主机发出的动作规划命令，进行轨迹及关节参数的实时计算，最后对工业机器人发出具体的动作指令。

三、IML 语言

IML 也是一种着眼于末端操作器的动作级语言，由日本九州大学开发而成。IML 语言的特点是编程简单，能人机对话，适合于现场操作，许多复杂动作可由简单的指令来实现，易被操作人员掌握。IML 用直角坐标系描述工业机器人和目标物的位置和姿态。坐标系分两种，一种是机座坐标系，一种是固连在工业机器人作业空间上的工作坐标系。IML 语言以指令的形式编程，可以表示工业机器人的工作点、运动轨迹位置和姿态及目标物的位置和姿态等信息，从而可以直接编程。往返作业可不用循环语句描述，示教的轨迹能定义成指令并插到语句中，还能完成某些力的施加。

IML 语言的主要指令有运动指令 MOVE、速度指令 SPEED、停止指令 STOP、手指开合指令 OPEN 和 CLOSE，坐标系定义指令 COORD、轨迹定义命令 TRAJ、位置定义命令 HERE、程序控制指令 IF－THEN 等。

四、RAPID 语言

RAPID 程序中包含了一连串控制工业机器人的指令，执行这些指令可以实现对工业机器人的控制操作。RAPID是一种英文编程语言,所包含的指令可以移动工业机器人、设置输出、读取输入,还能实现决策、重复其他指令、构造程序、与系统操作人员交流等功能。

第五节　示教编程过程

示教再现控制是指控制系统可以通过示教编程器或手把手进行示教,先将动作顺序、运动速度、位置等信息用一定的方法预先提供给工业机器人,再由工业机器人的记忆装置将所教的操作过程自动记录在磁盘、磁带等存储器中,当需要再现操作时,重放存储器中存储的内容即可。如果需要更改操作内容,只需要重新示教一遍或更换预先录好程序的磁盘或其他存储器即可,因而重编程序极为简便和直观。

工业机器人的示教再现过程分为以下四个步骤进行。

步骤一:示教。操作人员把规定的目标动作(包括每个运动部件、每个运动轴的动作)一步一步地教给工业机器人。示教的简繁,标志着工业机器人自动化水平的高低。

步骤二:记忆。工业机器人将操作人员所示教的各个点的动作顺序信息、动作速度信息、位姿信息等记录在存储器中。存储信息的形式、存储量的大小决定工业机器人能够进行的操作的复杂程度。

步骤三:再现。根据需要,将存储器所存储的信息读出,向执行机构发出具体的指令,工业机器人根据给定顺序或者工作情况,自动选择相应的程序再现,这一功能反映了工业机器人对工作环境的适应性。

步骤四:操作。工业机器人以再现信号作为输入指令,使执行机构重复示教过程规定的各种动作。

在示教再现这一动作循环中,示教和记忆同时进行,再现和操作同时进行。这种方式是工业机器人控制中比较方便和常用的方式之一。

第七章　工业机器人的典型行业应用

第一节　工业机器人的应用准则与工作站设计

工业机器人自动化生产线已经成为自动化装备的主流和未来的发展方向。国外汽车、电子、电器、工程机械、建筑、煤化工等很多行业已经大量装备工业机器人自动化生产线，以保证产品质量，提高生产效率。由于工业机器人的可编程性和通用性较好，能满足工业产品多样化、小批量的生产要求，因此工业机器人的应用领域也得到了极大的扩展。

一、工业机器人的应用准则

在设计和应用工业机器人时，应全面和均衡考虑机器人的通用性环境的适应性、耐久性、可靠性和经济性等因素，具体遵循的准则如下。

(一)在恶劣的环境中应用机器人

机器人可以在有毒、粉尘、噪声、振动、高温、易燃、易爆等危险或有害的环境中长期稳定地工作。在技术、经济合理的情况下，可采用机器人逐步把人从这些工作岗位上替代下来，以改善工人的劳动条件，降低工人的劳动强度。

(二)在生产率和生产质量落后的部门应用机器人

现代化生产的分工越来越细，操作越来越简单，劳动强度越来越大，可以用机器人高效地完成一些简单、重复性的工作，以提高生产效率和生产质量。

(三)从长远考虑需要机器人

一般来说，人的寿命要比机械设备的寿命长。不过，如果经常对机械设备进行保养和维修，对易换件进行补充和更换，有可能使机械设备的寿命超过人类。另外，工人会由于其自身的意志而放弃工作、停工或辞职，而工业机器人没有自己的意愿，它不会在工作中途因故障以外的原因而停止工作，能够持续地工作直至其机械寿命完结。

与只能完成单一特定作业的设备不同，机器人不受产品性能、所执行任务的类型或具体行业的限制，若产品更新换代频繁，则通常只需要重新编制机器人程序，同时通过换装不同类型的末端执行器来完成部分改装即可继续使用。

(四)考虑机器人的使用成本

虽然使用机器人可以减轻工人的劳动强度，但人们往往更关心使用机器人的经济性。

一般从劳动力、材料、生产率、能源、设备等方面比较人和机器人的使用成本，若使用机器人能够带来更大的效益，则可优先选用机器人。

(五)应用机器人时需要人

在应用机器人代替工人操作时，要考虑工业机器人的实际工作能力，用现有的机器人完全取代工人显然是不可能的，机器人只能在人的控制下完成一些特定的工作。

二、机器人工作站的一般设计原则

机器人工作站是指使用一台或多台机器人，配以相应的周边设备，用于完成某一特定工序作业的独立生产系统，也可称为机器人工作单元。它主要由机器人及其控制系统、辅助设备及其他周边设备所构成。在这种构成中，机器人及其控制系统应尽量选用标准装置，对于个别特殊的场合需设计专用机器人；而末端执行器等辅助设备及其他周边设备则随应用场合和工件特点的不同存在着较大差异。因此，这里只阐述一般工作站的构成和设计原则。工作站的设计是一项较为灵活多变、关联因素很多的技术工作，若将共同因素抽象出来，可得出一般的设计原则：

设计前必须充分分析作业对象，拟定最合理的作业工艺。必须满足作业的功能要求和环境条件必须满足生产节拍要求。整体及各组成部分必须全部满足安全规范及标准。各设备及控制系统应具有故障显示及报警装置。便于维护修理。操作系统便于联网控制。工作站便于组线。操作系统应简单明了,便于操作和人工干预。经济实惠,快速投产。

(一)作业顺序和工艺要求

对作业对象(工件)及其技术要求进行认真细致的分析,是整个设计的关键环节,它直接影响工作站的总体布局、机器人型号的选择、末端执行器和变位机等的结构,以及其周边机器型号的选择等。在设计工作中,这一内容所投入的精力和时间占总设计时间的15%～50%。工件越复杂,作业难度越大,投入精力的比例就越高;分析得越透彻,工作站的设计依据就越充分,将来工作站的性能就可能越好,调试时间和修改变动量就可能越少。一般来说,工件的分析包含以下几个方面。

工件的形状决定了机器人末端执行器和夹具的结构及工件的定位基准。在成批生产中,对工件形状的一致性应有严格的要求。在定位困难时,需与用户商讨适当改变工件形状的可能性,使更改后的工件既能满足产品要求又能为定位提供方便。

工件的尺寸及精度对机器人工作站的使用性能有很大的影响,特别是精度决定了工件形状的一致性。设计人员应对与工作站相关的关键尺寸和精度提出明确的要求。一般情况下,与人工作业相比,工作站对工件尺寸及精度的要求更为苛刻。尺寸及精度的具体数值要根据机器人的工作精度、辅助设备的综合精度以及本站产品的最终精度来确定。需要特别注意的是,如果在前期工序中对工件尺寸控制不准、精度偏低,就会造成工件在机器人工作站中的定位困难,甚至造成引入机器人工作站决策的彻底失败。因此,引入机器人工作站之前,必须对工件的全部加工工序予以研究。必要时,需改变部分原始工序,增加专用设备,使各工序相互适合,使工件具有稳定的精度。此外,工件的尺寸还直接影响周边机器的外形尺寸及工作站的总体布局。

当工件安装在夹具上或是放在某个搁置台上时,工件的质量和夹紧时的受力情况就成为夹具、传动系统及支架等零部件的强度和刚度设计计算的主要依据，也是选择电动机或气液系统压力时的主要参照因素之一。当工件需机器人抓取和搬运时，工件质量又成为选定机器人型号最直接的技术参数。如果工件质量过大，已经无法从现行产品中选择标准机器人，那就要设计并制造专用机器人。这种情形在冶金建筑等行业中尤为普遍。

工件的材料和强度对工作站中夹具的结构设计、选择动力形式、末端执行器的结构以及其他辅助设备的选择都有直接的影响。设计时要以工件的受力和变形、产品质量符合最终要求为原则确定其他因素，必要时还应进行关键内容的试验，通过试验数据确定关键参数。

工作环境也是机器人工作站设计中需要引起注意的一个方面。对于焊接工作站，要注意焊渣飞溅的防护，特别是机械传动零件和电子元器件及导线的防护。在某些场合，还要设置焊枪清理装置，保证起弧质量。对于喷涂或粉尘较大的工作站，要注意有毒物的防护，包括对操作者健康的损害和对设备的化学腐蚀等。对于高温作业的工作站，要注意温度对计算机控制系统、导线、机械零部件和元器件的影响。在一些特殊场合，加强电磁干扰的工作环境或电网波动等问题，会成为工作站设计中的一个重点研究对象。

作业要求是用户对设计人员提出的技术期望，它是可行性研究和系统设计的主要依据。其具体内容有年产量、工作制度、生产方式、工作站占用空间、操作方式和自动化程度等。其中，年产量、工作制度和生产方式是规划工作站的主要因素。当 1 个工作站不能满足产量要求时，则应考虑设置 2 个甚至 3 个相同的工作站，或设置 1 个人工处理站，与机器人工作站协调作业。而操作方式和自动化程度又与 1 个工作站中机器人的数量、夹具的自动化水平、投入成本、操作者的劳动强度以及其他辅助设备有直接的关系。要充分研究作业要求，使工作站既符合工厂现状，又能生产出高质量的产品，即处理好投资与效益的关系。对于那些形状复杂、作业难度较大的工件，如果一味地追求更高的自动化程度，就必然会大大增加设计难度、投入资金以及工作站的复杂程度。有时，增加必要的人工生产则会使工作站的使用性能更加稳定、更加实用。要充分分析工厂的实际情况，多次商讨对作业的要求，最终形成行之有效的系统方案。

(二)工作站的功能要求和环境条件

机器人工作站的生产作业是由机器人连同它的末端执行器、夹具和变位机以及其他周边设备等具体完成的，其中起主导作用的是机器人。因此，这一设计原则在选择机器人时必须首先满足。满足作业的功能要求，具体到选择机器人时，可从三方面加以保证：有足够的持重能力，有足够大的工作空间，有足够多的自由度。环境条件可由机器人产品样本的推荐使用领域加以确定。下面分别加以讨论。

确定机器人的持重能力机器人手腕所能抓取的质量是机器人的一个重要性能指标，习惯上称为机器人的可搬质量。一般来说，同一系列的机器人，其可变质量越大，它的外形尺寸、手腕工作空间、自身质量以及所消耗的功率也就越大。在设计中，需要初步设计出机器人的末端执行器，比较精确地计算它的质量，然后确定机器人的可靠质量。在某些场合，末端执行器比较复杂，结构庞大，如一些装配工作站和搬运工作站中的末端执行器。质量参数是选择机器人最基本的参数，决不允许机器人超负荷运行。因此，对于它的设计方案和结构形式应当反复研究，确定出较为合理可行的结构，减小其质量。

确定机器人的工作空间工作空间是机器人运动时手臂末端或手腕中心所能到达的所有点的集合，也称为工作区域，它是机器人的另一个重要性能指标。由于末端执行器的形状和尺寸是多种多样的，为真实反映机器人的特征参数，故作业范围是指不安装末端执行器时的工作区域。作业范围的大小不仅与机器人各连杆的尺寸有关，而且与机器人的总体结构形式有关。在设计中，首先根据质量大小和作业要求，初步设计或选用末端执行器，然后通过作图找出作业范围，只有作业范围完全落在机器人的工作空间之内，该机器人才能满足作业的范围要求。

工作空间的形状和大小是十分重要的，机器人在执行某些作业时可能会因为有末端执行器不能到达的盲区而不能完成任务。

确定机器人的自由度机器人在持重和工作空间上满足对机器人工作站或生产线的功能要求之后,还要分析它是否可以在作业范围内满足作业的姿态要求。在选择机器人时,为了满足功能要求,必须从持重能力、工作空间、自由度等方面来分析,只有它们同时被满足或增加辅助装置后即能满足功能要求的条件,所选用的机器人才是可用的机器人的选用也常受机器人市场供应因素的影响,因此还需考虑其市场价格。只有那些可用而且价格低廉、性能可靠且有较好售后服务的机器人产品,才是应该优先选购的。

目前,机器人在各种生产领域里得到了广泛应用,如装配、焊接、喷涂和搬运、码垛等,其工作环境各不相同。为此,机器人制造厂家根据不同的应用环境和作业特点,不断地研究、开发和生产出了各种类型的机器人供用户选用。各生产厂家都对自己的产品定出了最合适的应用领域,它们不光考虑其功能要求,还考虑了其他应用中的问题,如强度、刚度、轨迹精度、粉尘、温度、湿度等特殊要求。在设计工作站选用机器人时,应首先参考生产厂家提供的产品说明。

(三)工作站对生产节拍的要求

生产节拍是指完成一个工件规定的处理作业内容所要求的时间,也就是用户规定的年产量对机器人工作站工作效率的要求。生产周期是机器人工作站完成一个工件规定的作业内容所需要的时间,也就是工作站完成一个工件规定的处理作业内容所需要花费的时间。

在总体设计阶段,首先要根据计划年产量计算出生产节拍,然后对具体工件进行分析,计算各个处理动作的时间,确定出完成一个工件处理作业的生产周期。将生产周期与生产节拍进行比较,当生产周期小于生产节拍时,说明这个工作站可以完成预定的生产任务;当生产周期大于生产节拍时,说明这个工作站不具备完成预定生产任务的能力。这时,就需要重新研究这个工作站的总体构思,或增加辅助装置,最大限度地发挥机器人的效率,使某些辅助工作时间与机器人的工作时间尽可能重合,缩短总的生产周期；或增加机器人数量，使多台机器人同时工作，缩短零件的处理周期；或改革处理作业的工艺过程，修改工艺参数。如果这些措施仍不能满足生产周期小于生产节拍的要求，就要增设相同的机器人工作站，以满足生产节拍。

(四)安全规范及标准

由于机器人工作站的主体设备机器人是一种特殊的机电一体化装置，与其他设备的运行特性不同。机器人在工作时是以高速运动的形式掠过比其基座大很多的空间，其手臂的运动形式和启动难以预料，有时会随作业类型和环境条件而改变。同时，在其关节驱动器通电的情况下，维修及编程人员有时需要进入其限定空间。另外，由于机器人的工作空间常与其周边设备工作区重合，从而极易发生碰撞、夹挤或由于手爪松脱而使工件飞出等危险，特别是在工作站内多台机器人协同工作的情况下，发生危险的可能性更高。因此，在工作站的设计过程中，必须充分分析可能的危险情况，预测可能的事故风险。

三、工业机器人的应用领域

随着技术的进步，工业机器人的应用领域也在快速扩张。广泛应用于汽车、3C 电子产品、食品加工等领域。

(一)汽车行业

在我国有 50%的工业机器人应用于汽车制造业，其中 50%以上为焊接机器人，在发达国家汽车工业机器人占机器人总量的 53%以上。据统计，世界各大汽车制造厂年产每万辆汽车所拥有的机器人数量为 10 台以上。随着机器人技术的不断发展和日益完善，工业机器人必将对汽车制造业的发展起到极大促进作用。而我国正由制造大国向制造强国发展，需要提升加工手段，提高产品质量，增加企业竞争力，这一切都预示机器人的发展前景巨大。

(二)3C 电子行业

工业机器人在电子类的 IC、贴片元器件生产领域的应用较普遍。而在手机生产领域，工业机器人适用于包括分拣装箱、撕膜系统、激光塑料焊接等工作。高速四轴码垛机器人等适用于触摸屏检测、擦洗、贴膜等一系列流程的自动化系统。

据有关数据表明，产品通过机器人抛光的成品率可从87%提高到93%，因此无论“机器手臂”还是更高端的机器人，在投入使用后都会使生产效率大幅提高。

(三)食品加工

机器人的应用范围越来越广泛，在很多的传统工业领域人们也在努力让机器人代替人类工作，在食品工业中也是如此。目前已经开发出的食品工业机器人有包装罐头机器人、自动包饺子机器人等。

(四)橡胶及塑料工业

橡胶和塑料的生产、加工与机械制造紧密相关，且专业化程度高橡胶和塑料制品被广泛应用于汽车、电子工业，以及消费品和食品工业。其原材料通过注塑机和工具被加工成用于精加工的半成品或成品。通过采用自动化解决方案，能够使生产工艺更高效、更经济和可靠。因为机器人能完成一系列操作、拾放和精加工作业，在很大程度上解决了这一问题。

(五)焊接行业

工业机器人在机器人产业中应用最为广泛，而在工业机器人中应用最为广泛的当属焊接机器人，它占据了工业机器人45%以上的份额。焊接机器人较人工焊接具有明显的优势，在汽车制造业中广泛应用。

与人工焊接相比，机器人焊接具有明显优势。人工施焊时焊接工人经常会受到心理、生理条件变化以及周围环境的干扰。在恶劣的焊接条件下，操作工人容易疲劳，难以较长时间保持焊接工作的稳定性和一致性。而焊接机器人则工作状态稳定，不会疲劳。机器人一天可以24小时连续工作。另外，随着高速高效焊接技术的应用，使用机器人焊接，效率提高得更加明显。

而且采用机器人焊接后，工人可以远离焊接产生的弧光、烟雾和飞溅等，使工人从高强度和不安全的体力劳动中解脱出来。

（六）铸造行业

铸造工人经常是在高污染、高温和外部环境恶劣的极端工作环境下进行作业。为此，制造出强劲的专门适用于极重载荷的铸造机器人就显得极为迫切。

（七）玻璃行业

无论是生产空心玻璃、平面玻璃、管状玻璃，还是玻璃纤维，特别是对于洁净度要求非常高的特殊用途玻璃，工业机器人是最好的选择。

（八）喷涂行业与人工喷涂相比

采用喷涂机器人唯一的劣势就是首次购买成本高，但这一劣势与喷涂机器人的优势相比就不是问题了。从长远来看使用喷涂机器人更经济。喷涂机器人既可以替代越来越昂贵的人工劳动力，同时能提升工作效率和产品品质。使用喷涂机器人可以降低废品率，同时提高了机器的利用率，降低了工人误操作带来的残次零件风险等。

与人工喷涂相比，使用喷涂机器人具有下列优势。

①喷涂机器人的喷涂品质更高。喷涂机器人精确地按照轨迹进行喷涂，无偏移并完美地控制喷枪的启动。能够确保指定的喷涂厚度，偏差控制在最小。

②使用喷涂机器人能够节约喷漆和喷剂，还可以有效降低喷房泥灰含量，显著加长过滤器的工作时间，减少喷房结垢。

③使用喷涂机器人可以保持更佳的过程控制。喷涂机器人的喷涂控制软件使得用户可以控制几乎所有的喷涂参数，例如静电电荷、雾化面积、风扇宽度和产品压力等。

④使用喷涂机器人喷涂具有更高的灵活性。使用喷涂机器人可以喷涂具有复杂几何结构或不同大小和颜色的产品。另外，简单的编程系统允许自动操作小批量的工件生产。在初次投产以后，机器人喷涂生产线可以在任何时候进行更新。

⑤使用喷涂机器人进行喷涂的显著优势就是增加产量和提高效率。使用喷涂机器人进行喷涂时的零件次品率降低,手工补漆明显减少,同时超喷减少而无须研磨和抛光等后续加工,也无须停止生产线就可以完成喷涂参数的修改。而且机器人具有高可靠性、平均无故障时间长、可每天连续工作等优势。

第二节　焊接工作站

汽车、电子电器、工程机械、食品、医疗等行业已经大量使用工业机器人以实现自动化生产线,而工业机器人自动化生产线成套设备已经成为自动化装备的主流及未来发展的方向。

工业机器人的应用包括搬运、焊接、锻造、打磨、装配、喷涂和码垛等复杂作业。

焊接机器人是指从事焊接作业的工业机器人,它能够按作业要求(如轨迹、速度等)将焊接工具送到指定空间位置,并完成相应的焊接过程。按焊接工艺的不同,焊接机器人主要分为3类:电焊机器人、弧焊机器人和激光焊接机器人。大部分焊接机器人是通用工业机器人配置某种焊接工具而构成的,只有少数是为某种焊接方式专门设计的。

一、焊接机器人的特点

焊接机器人主要有以下优点。

①具有较高的稳定性,提高焊接质量,保证焊接产品的均一性。

②能够在有害、恶劣的环境下作业,改善工人劳动条件。

③降低对工人操作技术的要求,且可以进行连续作业,生产效率高。

④可实现小批量产品的焊接自动化生产。

⑤能够缩短产品更新换代的准备周期,减少相应的设备投资,提高企业效益。

⑥提供一种柔性自动化生产方式,可以在一条焊接生产线上同时自

动生产多种焊件。

二、点焊机器人工作站

(一)点焊机器人的特点

点焊机器人是用于自动点焊作业的工业机器人,其末端执行器为焊钳。在机器人焊接应用领域中,最早出现的便是点焊机器人,用于汽车装配生产线上的电阻点焊。

点焊是电阻焊的一种。所谓电阻焊是指通过焊接设备的电极施加压力,并在接通电源时,在工件接触点及邻近区域产生电阻热加热工件,在外力作用下完成工件的连接。因此点焊比较适合薄板焊接领域,如汽车车身焊接、车门框架定位焊接等。点焊只需要点位控制,对于焊钳在点与点之间的运动轨迹没有严格要求,这使点焊过程相对简单,对点焊机器人的精度和重复定位精度的控制要求比较低。

点焊机器人的负载能力要求高,而且在点与点之间的移动速度要快,动作要平稳,定位要准确,以便于减少移位时间,提高工作效率。另外,点焊机器人在点焊作业过程中,要保证焊钳能自由移动,可以灵活变动姿态,同时电缆不能与周边设备产生干涉。电焊机器人还具有报警系统,如果在示教过程中操作者有错误操作或者在再现作业过程中出现某种故障,点焊机器人的控制器会发出警报,自动停机,并显示错误或故障的类型。

(二)点焊机器人系统组成

点焊机器人系统主要由操作机、控制器、示教器、点焊作业系统和周边设备组成。

1.点焊作业系统

点焊作业系统包括焊钳、点焊控制器、供电系统、供气系统和供水系统等。

(1)焊钳

焊钳是指将点焊用的电极、焊枪架和加压装置等紧凑汇总的焊接装置。点焊机器人的焊钳种类较多,从用途上可分为两种:X形焊钳和C形焊钳。按电极臂的加压的驱动方式可分为气动焊钳和伺服焊钳。

X形焊钳主要用于点焊水平及近于水平倾斜位置的焊点;C形焊钳主要用于点焊垂直及近于垂直倾斜位置的焊点;气动焊钳是目前点焊机器人较广泛采用的,主要利用气缸压缩空气驱动加压气缸活塞,通常具有2~3个行程,能够使电极完成大开、小开和闭合3个动作,电极压力经调定后是不能随意变化的;伺服焊钳采用伺服电机驱动完成电极张开和闭合,脉冲编码器反馈,其张开度可随实际需要任意设定并预置,且电极间的压紧力可实现无级调节。

(2)点焊控制器

焊接电流、通电时间和电极加压力是点焊的三大条件,而点焊控制器是合理控制这三大条件的装置,是点焊作业系统中最重要的设备。它由微处理器及部分外围接口芯片组成,其主要功能是完成点焊时的焊接参数输入、点焊程序控制、焊接电流控制以及焊接系统故障自诊断,并实现与机器人控制器、示教器的通信联系。该装置启动后系统一般就会自动进行一系列的焊接工序。

(3)供电系统

供电系统主要包括电源和机器人变压器;其作用是为点焊机器人系统提供动力。

(4)供气系统

供气系统包括气源、水气单元、焊钳进气管等。其中,水气单元包括压力开关、电缆、阀门、管子、回路、连接器和接触点等,可以提供水、气回路。

(5)供水系统

供水系统包括冷却水循环装置、焊钳冷水管、焊钳回水管等。由于点焊是低压大电流焊接,在焊接过程中,导体会产生大量的热量,所以焊钳、焊钳变压器需要水冷。

2. 周边设备

周边设备包括安全保护装置、机器人安装平台、输送装置、工件摆放装置、电极修磨机、点焊机压力测试仪和焊机专用电流表等，用以辅助点焊机器人系统完成整个点焊作业。

(1)电极修磨机

电极修磨机用于对点焊过程中磨损的电极进行打磨，去除电极表面的污垢。

(2)点焊机压力测试仪

点焊机压力测试仪用于焊钳的压力校正。在点焊中为了保证焊接质量，电极加压力是一个重要因素，需要对其进行定期测量。

(3)焊机专用电流表

焊机专用电流表用于设备的维护、测试点焊时二次短路电流。

三、弧焊机器人工作站

(一)弧焊机器人的类型

弧焊机器人是指用于自动弧焊作业的工业机器人，其末端执行器是弧焊作业用的各种焊枪。目前工业生产应用中，弧焊机器人主要包括熔化极气体保护焊接作业和非熔化极气体保护焊接作业两种类型。

1. 熔化极气体保护焊作业

熔化极气体保护焊作业是指采用连续等速送进可熔化的焊丝与被焊工件之间的电弧作为热源来熔化焊丝和母材金属，形成熔池和焊缝，同时要利用外加保护气体作为电弧介质来保护熔滴、熔池金属及焊接区高温金属免受周围空气的有害作用，从而得到良好焊缝的焊接方法。

2. 非熔化极气体保护焊

非熔化极气体保护焊主要指钨极惰性气体保护焊，即采用纯钨或活化钨作为不熔化电极，利用外加惰性气体作为保护介质的一种电弧焊方法。TIG 焊广泛用于焊接容易氧化的有色金属铝、镁等及其合金、不锈钢、高温合金、钛及钛合金，还有难熔的活性金属。

(二)弧焊动作

一般而言,弧焊机器人进行焊接作业时主要有 4 种基本的动作形式:直线运动、圆弧运动、直线摆动和圆弧摆动,其他任何复杂的焊接轨迹都可以看成由这 4 种基本动作形式组合而成。机器人焊接作业时的附加摆动是为了保证焊缝位置对中和焊缝两侧熔合良好。

1. 直线摆动

机器人沿着一条直线做一定振幅的摆动运动。直线摆动程序先示教 1 个摆动起始点,再示教 2 个振幅点和 1 个摆动结束点。

2. 圆弧摆动

机器人能够以一定的振幅摆动运动通过一段圆弧。圆弧摆动程序先示教 1 个摆动起始点,再示教 2 个振幅点和 1 个圆弧摆动中间点,最后示教 1 个摆动结束点。

第三节　喷涂工作站

涂装机器人作为一种典型的涂装自动化装备,具有工件涂层均匀,重复精度好,通用性强、工作效率高,能够将工人从有毒、易燃、易爆的工作环境中解放出来的优点,已在汽车、工程机械制造、3C 产品及家具建材等领域得到广泛应用。机器人本体应配有防护服,工作时应穿好防护服,以防止油漆及溶剂对机体污染和腐蚀。长时间处于备用状态时,必须及时清理防护服后穿戴好,保持机器人本体的清洁。

一、喷涂机器人的特点及分类

(一)喷涂机器人的特点

归纳起来,涂装机器人与传统的机械涂装相比,具有以下优点。

①最大限度提高涂料的利用率、降低涂装过程中的 VOC(有害挥发性有机物)排放量。

②显著提高喷枪的运动速度,缩短生产节拍,效率显著高于传统的机

械涂装。

③柔性强，能够适应多品种、小批量的涂装任务。

④能够精确保证涂装工艺的一致性，获得较高质量的涂装产品。

⑤与高速旋杯经典涂装站相比，可以减少30％～40％的喷枪数量，降低系统故障率和维护成本。

(二)喷涂机器人的分类

目前，国内外的涂装机器人从结构上大多数仍采取与通用工业机器人相似的5或6自由度串联关节式机器人，在其末端加装自动喷枪。按照手腕结构划分，涂装机器人应用中较为普遍的主要有两种：球形手腕涂装机器人和非球形手腕涂装机器人。

1.球形手腕涂装机器人

球形手腕涂装机器人与通用工业机器人手腕结构类似，手腕三个关节轴线相交于一点，即目前绝大多数商用机器人所采用的Ben－dix手腕。该手腕结构能够保证机器人运动学逆解具有解析解，便于离线编程的控制，但是由于其腕部第二关节不能实现360°旋转，故工作空间相对较小。采用球形手腕的涂装机器人多为紧凑型结构，其工作半径多在0.7～1.2m，多用于小型工件的涂装。

2.非球形手腕涂装机器人

非球形手腕涂装机器人，其手腕的3个轴线并非如球形手腕机器人一样相交于一点，而是相交于两点。非球形手腕机器人相对于球形手腕机器人来说更适合涂装作业。该型涂装机器人每个腕关节转动角度都能达到360°以上，手腕灵活性强，机器人工作空间较大，特别适用复杂曲面及狭小空间内的涂装作业，但由于非球形手腕运动学逆解没有解析解，增大了机器人控制的难度，难以实现离线编程控制。

非球形手腕涂装机器人根据相邻轴线的位置关系又可分为正交非球形手腕和斜交非球形手腕两种形式。现今应用的涂装机器人中很少采用正交非球形手腕，主要是其在结构上相邻腕关节彼此垂直，容易造成从手腕中穿过的管路出现较大的弯折、堵塞甚至折断管路。相反，斜交非球形手腕若做成中空的，各管线从中穿过，直接连接到末端高转速旋杯喷枪上，在作业过程中内部管线较为柔顺，故被各大厂商所采用。

涂装作业环境中充满了易燃、易爆的有害挥发性有机物，除了要求涂装机器人具有出色的重复定位精度和循径能力及较高的防爆性能，仍有特殊的要求。在涂装作业过程中，高速旋杯喷枪的轴线要与工件表面法线在一条直线上，且高速旋杯喷枪的端面要与工件表面始终保持一个恒定的距离，并完成往复蛇形轨迹，这就要求涂装机器人要有足够大的工作空间和尽可能紧凑灵活的手腕，即手腕关节要尽可能短。其他的一些基本性能要求如下。

①能够通过示教器方便地设定流量、雾化气压、喷幅气压及静电量等涂装参数。

②具有供漆系统，能够方便地进行换色、混色，确保高质量、高精度的工艺调节。

③具有多种安装方式，如落地、倒置、角度安装和壁挂。

④能够与转台、滑台、输送链等一系列的工艺辅助设备轻松集成。

⑤结构紧凑，减少密闭涂装室（简称喷房）尺寸，降低通风要求。

二、喷涂机器人的系统组成

喷涂机器人工作站或生产线充分利用机器人灵活、稳定、高效的特点，适用于生产量大、产品型号多、表面形状不规则的外表面喷涂，广泛用于汽车及其配件、家电、仪表、电器、搪瓷等工艺生产部门。对于汽车而言，喷涂机器人生产线主要应用于车身外表面、车门内表面、发动机舱内表面、行李箱内表面、前照灯区域的喷涂作业。喷涂作业均在封闭的车间（喷涂房）中进行，多台机器人同时作业。机器人的喷涂工作主要有两种模式：一种是动/静模式，在这种模式下，喷涂物先被传送到喷涂室中，在喷涂过程中保持静止。另外一种是流动模式，在这种模式下，喷涂物匀速通过喷涂室。在动/静模式时机器人可以移动，在流动模式时机器人是固定不动的。

机器人自动喷涂线的结构根据喷涂对象的产品种类、生产方式、输送形式、生产纲领及油漆种类等工艺参数确定，并根据其生产规模、生产工艺和自动化程度设置系统功能。

三、涂装机器人的周边设备与布局

完整的涂装机器人生产线及柔性涂装单元除了机器人和自动涂装设备两部分外，还包括一些周边辅助设备。下面将重点介绍上述几类典型周边辅助设备。同时，为了保证生产空间、能源和原料的高效利用，灵活性高、结构紧凑的涂装车间布局显得非常重要。

(一)周边设备

目前，常见的涂装机器人辅助装置有机器人行走单元、工件传送(旋转)单元、空气过滤系统、输调漆系统、喷枪清理装置、涂装生产线控制盘等。

1. 机器人行走单元与工件传送(旋转)单元

如同焊接机器人变位机和滑移平台一样，涂装机器人也有类似的装置，主要包括完成工件的传送及旋转动作的伺服转台、伺服穿梭机及输送系统，以及完成机器人上下左右滑移的行走单元，但是涂装机器人所配备的行走单元与工件传送和旋转单元的防爆性能有着较高的要求。一般来说，配备行走单元和工件传送(旋转)单元的涂装机器人生产线及柔性涂装单元的工作方式有三种：动/静模式、流动模式及跟踪模式。

(1)动/静模式

在动/静模式下，工件先由伺服穿梭机或输送系统传送到涂装室中，由伺服转台完成工件旋转，之后由涂装机器人单体或者配备行走单元的机器人对其完成涂装作业。在涂装过程中工件可以是静止地作独立运动，也可与机器人作协调运动。

(2)流动模式

在流动模式下，工件由输送链承载匀速通过涂装室，由固定不动的涂装机器人对工件完成涂装作业。

(3)跟踪模式

在跟踪模式下,工件由输送链承载匀速通过涂装室,机器人不仅要跟踪随输送链运动的涂装物,而且要根据涂装面而改变喷枪的方向和角度。

2.空气过滤系统

在涂装作业过程中,当大于或者等于10mm的粉尘混入漆层时,用肉眼就可以明显地看到由粉尘造成的瑕点。为了保证涂装作业的表面质量,涂装线所处的环境及空气涂装所使用的压缩空气应尽可能保持清洁,这是由空气过滤系统使用大量空气过滤器对空气质量进行处理以及保持涂装车间正压来实现的。喷房内的空气纯净度要求最高,一般来说要求经过三道过滤。

3.输调漆系统

涂装机器人生产线一般由多个涂装机器人单元协同作业,这时需要有稳定、可靠的涂料及溶剂的供应,而输调漆系统则是保证这一问题的重要装置。一般来说,输调漆系统由以下几部分组成:油漆和溶剂混合的调漆系统,为涂装机器人提供油漆和溶剂的输送系统,液压泵系统,油漆温度控制系统,溶剂回收系统,辅助输调漆设备及输调漆管网等。

4.喷枪清理装置

涂装机器人的设备利用率高达90%～95%,在进行涂装作业中难免发生污物堵塞喷枪气路同时在对不同工件进行涂装时也需要进行换色作业,此时需要对喷枪进行清理。自动化的喷枪清洗装置能够快速、干净、安全地完成喷枪的清洗和颜色更换,彻底清除喷枪通道内及喷枪上飞溅的涂料残渣,同时对喷枪完成干燥,减少喷枪清理所耗用的时间、溶剂及空气。喷枪清洗装置在对喷枪清理时一般经过四个步骤:空气自动冲洗、自动清洗、自动溶剂冲洗、自动通风排气。

5.涂装生产线控制盘

对于采用两套或者两套以上涂装机器人单元同时工作的涂装作业系统,一般需配置生产线控制盘对生产线进行监控和管理。其功能如下所述:

(1)生产线监控功能。通过管理界面可以监控整个涂装作业系统的状态,例如,工件类型、颜色、涂装机器人和周边装置的操作、涂装条件、系统故障信息等。

(2)可以方便设置和更改涂装条件和涂料单元的控制盘,即对涂料流量、雾化气压、喷幅(调扇幅)气压、静电电压进行设置,并可设置颜色切换的时序图、喷枪清洗及各类工件类型和颜色的程序编号。可以管理统计生产线各类生产数据,包括产量统计、故障统计、涂料消耗率等。

(二)工位布局

涂装机器人具有涂装质量稳定,涂料利用率高,可以连续大批量生产等优点,涂装机器人工作站或生产线的布局是否合理直接影响到企业的产能及能源和原料利用率。对于由涂装机器人与周边设备组成的涂装机器人工作站的工位布局形式,与之前介绍的焊接机器人工作站的布局形式相仿,常见由工作台或工件传送(旋转)单元配合涂装机器人构成并排、A形、H形与转台形双工位工作站。对于汽车及机械制造等行业往往需要结构紧凑灵活、自动化程度高的涂装生产线,涂装生产线一般有两种布局形式,即线型布局和并行盒子布局。

采取线型布局的涂装生产线在进行涂装作业时,产品依次通过各工作站完成清洗、中涂、底漆、清漆和烘干等工序,负责不同工序的各工作站之间采用停走运行方式。采取并行盒子布局的涂装生产线在进行涂装作业时,产品进入清洗站完成清洗作业,接着在其外表面进行中涂。之后被分送到不同的盒子中完成内部和表面的底漆和清漆涂装,不同盒子间可同时以不同周期时间运行。同时日后如需扩充生产能力,可以轻易地整合新的盒子到现有的生产线中。

综上所述,在涂装生产线的设计过程中不仅要考虑产品范围以及额定生产能力,还需要考虑所需涂装产品的类型、各产品的生产批量及涂装工作量等因素。对于产品单一、生产节拍稳定、生产工艺中有特殊工序的可采取线型布局。当产品类型及尺寸、工艺流程、产品批量各异,灵活的并行盒子布局的生产线则是比较合适的选择。同时采取并行盒子布局不仅可以减少投资，而且可以降低后续运行成本，但在建造并行盒子布局的生产线时需要额外承担产品处理方式及中转区域设备等的投资。

四、涂装机器人的选型

选型注意因素有以下几点。

(一)机器人的工作轨迹范围

在选择机器人时需保证机器人的工作轨迹范围必须能够完全覆盖所需施工的工件的相关表面或内腔。间歇式输送方式时，机器人是对静止的工件施工，除工件断面上，还需保证在工件俯视面上机器人的工作范围能够完全覆盖所需施工的工件相关表面。

(二)机器人的重复精度

对于涂胶机器人而言，一般重复精度达到 0.5mm 即可。而对于喷漆机器人，重复的精度要求可低一些。

(三)机器人的运动速度及加速度

机器人的最大运动速度或最大加速度越大，则意味着机器人在空行程所需的时间越短，则在一定节拍内机器人的绝对施工时间越长，可提高机器人的使用率，所以机器人的最大运动速度及加速度也是一项重要的技术指标。

但需注意的问题是，在涂装过程中(涂胶或涂装)，涂装工具的运动速度与涂装工具的特性及材料等因素直接相关，需要根据工艺要求设定。此外，由于机器人的技术指标与其价格直接相关，因而根据工艺要求选择性价比高的机器人。

(四)机器人手臂可承受的最大荷载

对于不同的涂装场合，涂装(涂胶或喷漆)过程中配置的喷具不同，则要求机器人手臂的最大承载载荷也不同。

五、喷涂机器人的应用

喷涂机器人能在恶劣的环境下连续进行喷涂工作，它具有灵活、稳定、高效，操作简便、易于维护等的特点，适合于大批量、多型号规格、表面形态复杂的工件表面喷涂。目前广泛运用于汽车车身、汽车零部件、塑料件、汽车轮毂、家用电器及卫浴设备等的喷涂。

在汽车装配上，几乎所有的工位均可应用机器人来提高装配作业的自动化程度，如车门的安装、仪表板的安装、车灯的安装等，以及点焊作业、涂胶作业、喷漆作业。

工业机器人除了在喷涂生产线上的应用，在整个生产过程中的焊接、安装、物流配送等方面都有应用，而且大大提高了工作效率，降低了生产成本，为企业带来了很大的好处。随着科技的发展，工业机器人在汽车生产厂的应用也会越来越广泛。

第四节　码垛工作站

码垛机器人是指能够把相同（或不同）外形尺寸的包装货物，整齐、自动地码成堆的机器人，也可以将堆叠好的货物拆开。

码垛机器人的主要优点包括：①结构简单，操作方便，易于保养及维修。②能耗低，降低运行成本。③占地面积小，工作空间大，场地使用率高。④柔性高，可以同时处理多条生产线的不同产品。⑤垛型和码垛层数可任意设置，垛型整齐，方便储存及运输。⑥定位准确，稳定性能好。

码垛机器人广泛适用于箱、罐、包袋和板材类等形状货物的码垛，也可根据用户要求进行拆垛作业。

一、码垛机器人的分类

码垛机器人通常按结构分为三类：龙门式码垛机器人、悬臂式码垛机器人及关节式码垛机器人。

（一）龙门式码垛机器人

龙门式码垛机器人的坐标系由 X 轴、Y 轴和 Z 轴组成，是坐标型的机器人。其结构形式决定其承载能力。龙门式码垛机器人具有编程方便快捷、承载能力大、稳定性好等特点，常用于大型的生产线上。

本设备工艺流程科学，性能可靠，食品卫生条件好，生产自动化程度高，操作简便，是各单位理想的码垛设备，深受食品饮料行业、化工行业的欢迎。主要技术特点：

①低位进箱，占用空间少，生产能力大。

②整机 PLC 控制，全自动运行。

③适应多种垛型及瓶型，调整方便。

④多处安全保护，可带触摸屏控制。

⑤采用优质输送链分段传动，输出段可任意加长。

⑥电机、气缸传动及控制全部采用进口名牌元件。

⑦尽量采用 304 材料，整机美观大方。

⑧特别适应于耐热收缩膜、纸箱包装的产品。

(二)悬臂式码垛机器人

悬臂式码垛机器人的坐标系由 X 轴、Y 轴和 Z 轴组成，它也是坐标型的机器人。悬臂式码垛机器人可根据不同的应用采取相应的结构形式。悬臂式码垛机器人编程方便、结构简单，但相对承载能力较低。

(三)关节式码垛机器人

关节式码垛机器人最常见的为四轴关节式码垛机器人，也有五、六轴关节式码垛机器人。关节式码垛机器人有很高的灵活度，几乎适合任何轨迹或角度的工作。

二、码垛方式

工业应用中，常见的机器人码垛方式有 4 种：重叠式、正反交错式、纵横交错式和旋转交错式。

重叠式，各层码放方式相同，上下对应，各层之间不交错堆码，是机械作业的主要形式之一，适用硬质整齐的物资包装堆码简单，堆码时间短；承载能力大；托盘可以得到充分利用不稳定，容易塌垛；堆码形式单一，美观程度低。

正反交错式，同一层中，不同列的货物以90°垂直码放，而相邻两层之间相差180°。这种方式类似于建筑上的砌砖方式，相邻层之间不重缝不同层间咬合强度较高，稳定性高，不易塌垛；美观程度高；托盘可以得到充分利用堆码相对复杂，堆码时间相对加长；包装体之间相互挤压，下部分容易压坏。

纵横交错式，相邻两层货物的摆放旋转90°，一层成横向放置，另一层成纵向放置，纵横交错堆码简单，堆码时间相对较短；托盘可以得到充分利用不稳定，容易塌垛；堆码形式相对单一，美观程度相对低。

旋转交错式，第一层中每两个相邻的包装体互为90°，相邻两层间码放又相差180°，这样相邻两层之间互相咬合交叉稳定性高，不易塌垛；美观程度高中间形成空穴，降低托盘利用效率；堆码相对复杂，堆码时间相对长。

三、码垛机器人的系统组成

码垛机器人同搬运机器人一样需要相应的辅助设备组成一个柔性化系统，才能进行码垛作业，主要包括机器人和码垛系统。以关节式为例，常见的码垛机器人主要由操作机、控制系统、码垛系统（气体发生装置、液压发生装置）和安全保护装置组成。操作者可通过示教器和操作面板进行码垛机器人运动位置和动作程序的示教，设定运动速度、码垛参数等。

关节式码垛机器人常见本体多为四轴，也有五、六轴码垛机器人，但在实际包装码垛物流线中五、六轴码垛机器人相对较少。码垛主要在物流线末端进行，码垛机器人安装在底座（或固定座）上，其位置的高低由生产线高度、托盘高度及码垛层数共同决定，多数情况下，码垛精度的要求没有机床上下料搬运精度高，为节约成本、降低投入资金、提高效益，四轴码垛机器人足以满足日常码垛要求。

码垛机器人的末端执行器是夹持物品移动的一种装置，其原理结构与搬运机器人类似，常见形式有吸附式、夹板式、抓取式、组合式。

(一)吸附式

在码垛中,吸附式末端执行器主要为气吸附,广泛应用于医药、食品、烟酒等行业。

(二)夹板式

夹板式手爪是码垛过程中最常用的一类手爪,常见的夹板式手爪有单板式和双板式。手爪主要用于整箱或规则盒码垛,可用于各行各业,夹板式手爪夹持力度比吸附式手爪大,可一次码一箱(盒)或多箱(盒),并且两侧板光滑不会损伤产品外观质量。单板式与双板式的侧板一般都有可旋转爪钩,需用单独机构控制,工作状态下爪钩与侧板呈 90°,起到承托物件防止在高速运动中物料脱落的作用。

(三)抓取式

抓取式手爪可灵活适应不同形状和内含物(如大米、砂砾、塑料、水泥、化肥等)物料袋的码垛。

(四)组合式

组合式是通过组合以获得各单组手爪优势的一种手爪,灵活性较大,各单组手爪之间既可单独使用又可配合使用,可同时满足多个工位的码垛。

码垛机器人手爪的动作需单独外力进行驱动,同搬运机器人一样,需要连接相应外部信号控制装置及传感系统,以控制码垛机器人手爪实时的动作状态及力的大小,其手爪驱动方式多为气动和液压驱动。通常在保证相同夹紧力情况下,气动比液压负载轻、卫生、成本低、易获取,故实际码垛中以压缩空气为驱动力的居多。

四、码垛机器人的周边设备

周边设备包括安全保护装置、机器人安装平台、工件摆放装置(托盘)、倒袋机、整形机等,用以辅助码垛机器人系统完成整个码垛作业。

(一)倒袋机

将输送过来的袋装物料按预定程序进行倒袋和转位,并输送到下道工序。

(二)整形机

袋装物料经整形机辊子的压紧、整形，使袋内可能存在的积聚物均匀散开，并输送到下道工序。

(三)输送带

输送带广泛用于输送各种固体块状和粉料状物料袋或成件物品等，对于不同形状的码垛物、生产线规格等可选择不同形式的输送带。

(四)待码输送机

待码输送机是码垛机器人生产线的专用输送装置，与夹持式末端执行器配套使用，用于抓取袋装码垛物。

(五)金属检测机

金属检测机用于检测食品、医药、化妆品、纺织品等生产过程中混入的金属异物。

参考文献

[1]林祥. KUKA 工业机器人仿真操作与应用技巧[M]. 北京:机械工业出版社,2023.

[2]王忠策,王海波. 工业机器人操作与应用教程[M]. 北京:化学工业出版社,2023.

[3]樊泽明,余孝军. 机器人综合设计与实践[M]. 北京:电子工业出版社,2023.

[4]张丹阳. 信息技术拓展模块 第 2 版[M]. 北京:人民邮电出版社,2023.

[5]王寒里,朱秀丽. 工业仿真软件 MIoT. VC 培训教程基础篇[M]. 北京:机械工业出版社,2023.

[6]郑维明,黄恺,王玲. 智能制造数字化工艺仿真[M]. 北京:机械工业出版社,2022.

[7]李峰,李伟. 工业机器人技术基础[M]. 北京:机械工业出版社,2022.

[8]陈柏,吴青聪,刘凯,等. 机器人技术基础与应用[M]. 北京:科学出版社,2022.

[9]刘思邦. 工业机器人系统设计及控制——以自动开封盖机器人为例[M]. 北京:中国农业出版社,2022.

[10]洪晴,刘杰. 数字化设计与仿真[M]. 北京:电子工业出版社,2022.

[11]邓集华. 钳工基础技能实训 第 2 版[M]. 北京:机械工业出版社,2022.

[12]熊建武,段宜虎,胡思华. 电工基础[M]. 西安:西安电子科学技术大学出版社,2022.

[13]曹其新. 泛在机器人技术与实践[M]. 北京:国防工业出版社,2021.

[14]高阳,杨斌,朱德馨. 现代制造技术基础及应用[M]. 武汉:华中科技大学出版社,2021.

[15]孟庆波，靳国辉，黄恺，等.工业机器人应用系统建模(Tecnomatix)[M].北京:机械工业出版社，2021.
[16]郑维明，李志，仰磊，等.智能制造数字化增材制造[M].北京:机械工业出版社，2021.
[17]陈东伟，黄岚，高玉梅.工业机器人操作与编程[M].北京:机械工业出版社，2020.
[18]兰贵，唐杰.工业机器人应用[M].北京:机械工业出版社，2020.
[19]梁增提，覃京翎.FANUC工业机器人技术与应用[M].北京:中国建筑工业出版社，2020.
[20]孙慧平，李泽军，王飞.工业机器人技术基础[M].长春:吉林大学出版社，2020.
[21]郭毅可.人工智能与未来社会发展[M].北京:科学技术文献出版社，2020.
[22]陆亮.数值分析典型应用案例及理论分析下[M].上海:上海科学技术出版社，2019.
[23]陈晓华，吴家富.人工智能重塑世界[M].北京:人民邮电出版社，2019.
[24]陈永平，郝淼.工业机器人技术应用[M].上海:上海交通大学出版社，2018.
[25]杨辰光，李智军，许扬.机器人仿真与编程技术[M].北京:清华大学出版社，2018.
[26]姚锡凡，张存吉，张剑铭.制造物联网技术[M].武汉:华中科技大学出版社，2018.
[27]王海文.数控一代应用技术[M].西安:西安电子科技大学出版社，2018.
[28]曹袆遐，樊玥辰.智慧城市与产业创新[M].上海:上海人民出版社，2018.
[29]李正祥，宋祥弟.工业机器人操作与编程(KUKA)[M].北京:北京理工大学出版社，2017.
[30]张明文.工业机器人技术基础及应用[M].哈尔滨:哈尔滨工业大学出版社，2017.